科普百家讲坛

QINGSHAONIAN AI KEXUE

李慕南　姜忠喆◎主编

KEPU BAIJIA JIANGTAN

普及科学知识，拓宽阅读视野，激发探索精神，培养科学热情。

未来科技走向何方

★ 包罗各种科普知识，汇集大[illegible]，为你展现一个生动有趣的科普世界，让你体会发现之旅是多么有趣，探索之旅是多么神奇！

吉林出版集团
北方妇女儿童出版社

图书在版编目(CIP)数据

未来科技走向何方 / 李慕南,姜忠喆主编. —长春
: 北方妇女儿童出版社,2012. 5(2021.4重印)
(青少年爱科学. 科普百家讲坛)
ISBN 978 - 7 - 5385 - 6336 - 8

Ⅰ. ①未… Ⅱ. ①李… ②姜… Ⅲ. ①科技发展 - 世
界 - 青年读物②科技发展 - 世界 - 少年读物 Ⅳ.
①N11 - 49

中国版本图书馆 CIP 数据核字(2012)第 061661 号

未来科技走向何方

出 版 人　李文学
主　　编　李慕南　姜忠喆
责任编辑　赵　凯
装帧设计　王　萍
出版发行　北方妇女儿童出版社
地　　址　长春市人民大街 4646 号 邮编 130021
　　　　　电话 0431 - 85662027
印　　刷　鸿鹄(唐山)印务有限公司
开　　本　690mm × 960mm　1/16
印　　张　13
字　　数　198 千字
版　　次　2012 年 5 月第 1 版
印　　次　2021 年 4 月第 2 次印刷
书　　号　ISBN 978 - 7 - 5385 - 6336 - 8
定　　价　27.80 元

前　　言

科学是人类进步的第一推动力，而科学知识的普及则是实现这一推动力的必由之路。在新的时代，社会的进步、科技的发展、人们生活水平的不断提高，为我们青少年的科普教育提供了新的契机。抓住这个契机，大力普及科学知识，传播科学精神，提高青少年的科学素质，是我们全社会的重要课题。

一、丛书宗旨

普及科学知识，拓宽阅读视野，激发探索精神，培养科学热情。

科学教育，是提高青少年素质的重要因素，是现代教育的核心，这不仅能使青少年获得生活和未来所需的知识与技能，更重要的是能使青少年获得科学思想、科学精神、科学态度及科学方法的熏陶和培养。

科学教育，让广大青少年树立这样一个牢固的信念：科学总是在寻求、发现和了解世界的新现象，研究和掌握新规律，它是创造性的，它又是在不懈地追求真理，需要我们不断地努力奋斗。

在新的世纪，随着高科技领域新技术的不断发展，为我们的科普教育提供了一个广阔的天地。纵观人类文明史的发展，科学技术的每一次重大突破，都会引起生产力的深刻变革和人类社会的巨大进步。随着科学技术日益渗透于经济发展和社会生活的各个领域，成为推动现代社会发展的最活跃因素，并且成为现代社会进步的决定性力量。发达国家经济的增长点、现代化的战争、通讯传媒事业的日益发达，处处都体现出高科技的威力，同时也迅速地改变着人们的传统观念，使得人们对于科学知识充满了强烈渴求。

基于以上原因，我们组织编写了这套《青少年爱科学》。

《青少年爱科学》从不同视角，多侧面、多层次、全方位地介绍了科普各领域的基础知识，具有很强的系统性、知识性，能够启迪思考，增加知识和开阔视野，激发青少年读者关心世界和热爱科学，培养青少年的探索和创新精神，让青少年读者不仅能够看到科学研究的轨迹与前沿，更能激发青少年读者的科学热情。

二、本辑综述

《青少年爱科学》拟定分为多辑陆续分批推出，此为第五辑《科普百家讲

坛》,以“解读科学,畅想科学”为立足点,共分为10册,分别为:

1.《向科技大奖冲击》

2.《当他们年轻时》

3.《获得诺贝尔奖的科学家们》

4.《科学家是怎样思考的》

5.《科学家是怎样学习的》

6.《尖端科技连连看》

7.《未来科技走向何方》

8.《科技改变世界》

9.《保护地球》

10.《向未来出发》

三、本书简介

本册《未来科技走向何方》讲述的所有有关未来生活的方方面面都不是科幻,而是目前科学家们正在努力工作的目标,而且这些现在看似神奇的事物必定会在三五十年内出现在我们身边。那么,届时我们的世界将会是什么样子呢?10年后,我们还会看到大海中美丽的珊瑚礁吗?30年后,天空中怎么会飘着一台台奇怪的大风车呢?50年后,人类会与机器人一起同场争夺足球世界杯吗?最新太空旅行法,未来太空探索者,飞机逃生的“超级武器”,时髦的太空宾馆,前往火星之路,天上的风力发电站,海洋的未来什么样,未来“点石成金”术,即将毁灭的“海上长城”,月球上的发电站……这些问题可能连老师部无法解答,但这本书却会告诉你所有答案。超凡想象与绝妙科学的梦幻组合颠覆科幻,预演未来科学大世界。

本套丛书将科学与知识结合起来,大到天文地理,小到生活琐事,都能告诉我们一个科学的道理,具有很强的可读性、启发性和知识性,是我们广大读者了解科技、增长知识、开阔视野、提高素质、激发探索和启迪智慧的良好科普读物,也是各级图书馆珍藏的最佳版本。

本丛书编纂出版,得到许多领导同志和前辈的关怀支持。同时,我们在编写过程中还程度不同地参阅吸收了有关方面提供的资料。在此,谨向所有关心和支持本书出版的领导、同志一并表示谢意。

由于时间短、经验少,本书在编写等方面可能有不足和错误,衷心希望各界读者批评指正。

本书编委会

2012年4月

目　录

一、航空航天

二、环境能源

三、军事武器

四、日常生活

五、通讯机械

六、人类健康

七、交通运输

一、航空航天

哈勃望远镜的“接班人”

试过从20多层高的楼顶上往下看吗？你是不是觉得楼下的人此时都变成了“小蚂蚁”，就连平常庞大的公共汽车也变成了“小甲壳虫”？如果这时有一个望远镜，那一切都不同了，楼下的一切仿佛就在你眼前。其实这还只是望远镜中最普通的一种，其他的还有专门用来进行天文研究的天文望远镜、可以拍照的数码望远镜，等等。在这些各式各样的望远镜里，最神奇的可能要算是太空望远镜了！

哈勃太空望远镜

1990年，世界上第一台太空望远镜问世了，设计者们用美国天文学家埃德温·哈勃（1889~1953）的名字为其命名，这就是著名的哈勃太空望远镜。它可以在距离地面500千米的太空上进行观测，不仅不会受到恶劣气候的影响，而且还摆脱了地球大气的干扰，能够达到地面上任何望远镜也达不到的高灵敏度和高分辨力。这也是当今世界上最先进的太空望远镜。

从1990年4月25日升空后，“哈勃”至少环绕了地球轨道8.8万圈，拍摄了75万张珍贵的外层空间和地球的照片。

人到了一定的年龄就要退休，通常，太空望远镜的寿命，按设计要求至少是15年。哈勃望远镜现在也到快要退休的年龄了。宇航员已经对哈勃望远镜进行了4次维修，每次都耗资无数。而且随着望远镜技术的迅速发展，要求哈勃退休的呼声也越来越高。据工程师们分析，“哈勃”逐日老化的太阳能电池还能让它支撑到2007年，那时必须更换新电池和陀螺仪，否则，“哈勃”

将无法继续工作。除了使用寿命之外，由于制造上的误差，哈勃太空望远镜不能辨别140亿光年以外的物体，而只能看清140亿光年以内的物体。另外，它的太阳能电池板因热胀冷缩还存在颤抖问题。

为了解决“哈勃”面临的一系列问题，科学家决定在30年内使用一台新式太空望远镜来代替“哈勃”，那么新的“继承人”究竟会是什么样子呢？

更好的“詹姆斯·韦伯”

事实上，一个大型空间计划从策划到最终实现，一般都要经过20年甚至更长的时间。从1996年开始，美国宇航局就已经向全球招标，这次竞标的激烈程度简直可以和竞选总统相媲美。经过多轮激烈的讨论、对比，制造新的太空望远镜计划终于诞生了！这就是“詹姆斯·韦伯”太空望远镜，从2030年开始，它将代替哈勃望远镜，去漫游太空，探索深邃的宇宙洪荒。

同“哈勃”相比，“詹姆斯·韦伯”更大、更精密，能勘测到更远的太空！而质量只有“哈勃”的三分之一。有趣的是，它还是一架没有镜筒的望远镜。

太空中的哈勃望远镜

在外形上，“詹姆斯·韦伯”与哈勃望远镜几乎没有一点相似之处。它主镜片的直径约为6米，比哈勃太空望远镜的主镜片宽2.5倍。如此巨大的镜片，使得它能够探测到光亮度很低的星体，这一点比“哈勃”要强上400倍！由于没有哪个运载火箭的容量可以大到有效容纳如此大的镜片，因此，“詹姆斯·韦伯”的镜片将会被做成一系列六边形分镜片，发射时分镜片将被折叠起来。在发射之后，一个大约有网球场大小的遮光罩将在太空中缓缓展开，这样就可以遮挡住来自太阳的热量了。

按计划，“詹姆斯·韦伯”将在2031年由“阿丽亚娜5型”运载火箭发射升空，升空后它将在距地球150万千米的空间位置飞行。

和哈勃太空望远镜不一样的是，“詹姆斯·韦伯”因为距离地球太遥远，所以无法派宇航员进行维修保养，因此它的设计制造必须完美无缺，否则将功亏一篑！

尽管现在它还躺在实验室里，天文学家们却已经开始为它的任务作出了美好的设想：到那时，根据“詹姆斯·韦伯”拍摄回来的数据和照片，人们将对星系的起源和演化、行星及恒星的各种情况进行更深入的了解，开创探索银河系和附近星系的新历史。“詹姆斯·韦伯”也许会告诉我们：在宇宙中，地球从不孤独，有那么多颗星球在陪伴着它，而在银河系之外，还有更浩瀚的宇宙等待着我们去探求发现！

向“地球杀手”开战

大自然有着无穷的力量，人类永远无法完全控制这种力量。2004 年底的印度洋大海啸、2005 年的巴基斯坦大地震……地球上发生的各种大大小小自然灾害，不仅吞噬了许多宝贵的生命，还造成了巨大的经济损失。那么在未来几十年里，地球还会遭受什么样的大劫难呢？

众多科学家经过仔细研究，估计下一个“地球杀手”将是小行星“阿波菲斯”。这是在计算该小行星的运行轨道时发现的：它将在 2036 年撞击地球，到时所产生的破坏力将比印度洋海啸可怕得多。为了保护地球家园，科学家们决定在太空安放一个跟踪器，监视小行星“阿波菲斯”的运行轨道。

太空中的小行星带

“阿波菲斯”是已知小行星中对地球安全最具有潜在威胁的一颗，它是一颗形状极为不规则的小行星。这颗行星是在2004年6月被发现的，然后又一度失去了踪迹，直到6个月后又再次被发现。2004年的圣诞前夜，科学家们通过不间断的观测，从获取的数据中显示：“阿波菲斯”小行星将在2029年4月13日第一次与地球“紧密接触”——擦身而过，那时，它们之间的距离将非常近。

行星虽小威力巨大

在许多科学报告里，小行星“阿波菲斯”被天文学家们描述成一个“可怕的敌人”。在他们看来，到时一场地球保卫战是在所难免了。

2029年4月13日，一个黑色星期五，到时候将会有数以百万计的人来到户外，抬头仰望，暗自窃喜自己的好运。因为，那天小行星“阿波菲斯”将会在3万千米的高空掠过地球，就像一颗流星飞快划过夜空一样。

但千万别高兴得太早，当小行星“阿波菲斯”于2029年掠过地球之后，它运行的轨道将会因地球的引力而发生变化，这一变化足以促使它在7年后掉转头来和地球相撞。每秒5.9千米的撞击速度将产生巨大的破坏力：足以使美国得克萨斯州消失，或使两个欧洲国家消失；如果它落到海洋里，那么将引起毁灭性的海啸，比起2004年印度洋大海啸将更为猛烈。在如此毁灭性的撞击中，地球上的任何生物都在劫难逃。目前，在俄罗斯举行的“小行星安全问题研讨会”上，天文学家制作了一个模型，假设“阿波菲斯”击中太平洋，将会掀起200米高的巨浪，它的冲击波掀起的灰尘，将笼罩地球上大部分的地区，这些地方的动植物和人类将因为严寒和生存空间被破坏而死亡。

“地球保卫战”正式开始

为避免这一灾难的发生，科学家决定为小行星装上一个无线电跟踪器，以跟踪监视它的运行轨道。世界各国的科学家们也在紧密合作，研究用各种办法来保卫我们赖以生存的地球。

2013年是观察“阿波菲斯”空间运行轨迹的最佳时机。如果观察结果证实了这块太空巨石撞击地球的可能性，搭载着无线电跟踪器的太空船将在之后的几年内启程飞往“约会”地点。此后，人们将设法使小行星偏离原来的轨道以避开地球。按照以往的习惯，科学家能够想出的最好办法可能就是往这颗小行星上发射一枚超级核弹，然后利用爆炸的反冲力改变小行星的运行轨道，或者干脆把这颗小行星炸得粉碎。但这样一来，人们又不得不考虑，在地球上空引爆核弹，可能会造成大面积的核污染。看来这种办法太冒险了，那么有没有什么更好的办法呢？

其实现在，人们已经想出了不少避免小行星与地球碰撞的方法，例如，已经有宇航研究机构制定了相关方案：发射一艘太空飞行器，利用其运行方式，对“阿波菲斯”小行星产生一股引力，使它偏离轨道而不会撞上地球：还有科学家提出：可以让太空飞行器与小行星保持相同的速度和方向，好让它们“并肩而行”。当两者达到相对静止的时候，用机械手臂去“推动一下”，改变它的运行轨道……各种想法哪种最好、哪种可行性最高，人们还没有最后定论，但毫无疑问，大家都在想办法为地球撑开一个“保护伞”，希望能更好、更安全地保护我们共同的家园——地球！

最新太空旅行法

有这么一个童话故事：一颗看起来并不怎么起眼的种子，被埋进了泥土里，只一会就长出了嫩绿色的小芽，然后开始迅速地长大，转眼工夫幼苗就长得跟成年大树一样高了，可是，它似乎并没有停下来的意思，反而越长越快，越长越高，终于冲破了云层，到达了天堂……

现在人们要进入宇宙，必须通过航天飞机才能实现，然而要进行一次航天飞行，却是一个非常复杂的过程，如果真能有个直接连接到天上的梯子，那样可容易多了。

这一梦想有望在2030年实现！届时利用先进的纳米碳管技术，人类将轻松“爬”上太空去旅行。

海空之间的太空梯

其实，修建直接通往宇宙的太空梯一直是人类的梦想。人们想象中的太空梯是这样的：“一根长达数万千米的缆绳，一头拴在海洋中的平台上，另一头则连在太空中的一个平衡锤上。缆绳随着地球一起旋转，由旋转所产生的离心力来抵消地球的引力，它便得到一个向外的张力，于是，太空梯就在地球和太空之间竖了起来。机器人升降机将沿着太空梯升降，将卫星、宇航员送入太空。”

目前，美国的一家公司向修建“太空梯”这一伟大目标迈进了一小步：他们已经成功完成了对名为“达摩克利斯之剑”机械爬升器的试验。这是一个可以沿着一条系在高空气球上的长带子，随意爬上爬下的新型机器。此次

未来将架在太空中的太空梯

试验被认为是为将来利用太空梯，在地球与太空之间运送货物所进行的先驱性试验。而且，试验是秘密进行的。

这家公司负责人表示：“试验在华盛顿东部的一个地点进行，之所以不透露试验地点，主要是考虑到安全原因。万一我们那个23磅（约10千克）机器人从绳子上掉下来，我们可不愿意看到有现场观众正好在它下面。”

这次试验使用了一个直径约为4米的气球，一个工作人员在地面上用安全绳将气球固定在空中，气球上还连接着一条用合成玻璃纤维制作的“绳梯”，机械爬升器沿着这条“绳梯”升降。

试验当天，爬升器成功地向天空爬了大约305米，试验相当成功。这次试验让该公司的研究人员充满了信心：还可以升得更高、应该可以利用热气球升到1 500千米的高空。不过，他们还需要进行一系列的试验——对通信系统、射程传感器、全球定位系统以及气温和摄像系统等进行评估。

完美的太空梯

太空梯研究小组清楚地认识到，在他们劳动成果被充分证明可以使用之前，他们还有很长的路要走。此次试验仅仅是朝着正确的方向迈出了一步，至少试验显示，硬件设计是正确的。但是，为了保证长长的太空梯牢固可用，还必须对太空梯材料提出更高的要求，幸亏纳米材料技术的出现为达成这一理想提供了一条“捷径”。

（1）坚固的梯身。为了这个目的，研究人员专门在美国新泽西州建立了一个纳米技术工厂。在这家工厂里，出乎人们意想之外的坚固材料正在一米一米地生产出来，现在最迫切要解决的难题，就是用什么样的方法把这些管子连接起来，要知道，管道连接得越长，对它的稳定性要求也就越高。

（2）想象不到的动力。太空梯上的那架升降机上上下下是需要动力的，但几乎所有的传统动力对于它都不太合适，要么是能量传送速度太慢：要么是能量在传送过程中消耗太大。在这个问题上科学家们想到了光：光在真空中的传播速度为299792458米/秒，根据爱因斯坦的相对论，没有任何物体运动的速度可以超过光速。这样的话，当升降梯上升到几万米光源充足的高空时，就不会有能量接济不上的情况发生了。

事实上，美国宇航局早在其“百年挑战”计划中，就提出了两项有关太空梯的设想，并且把这种想法设计成了一项科技竞赛：一项是“拴绳挑战”，另一项是“波束能量挑战”。“拴绳挑战”的目的是测试碳纳米管材料的强度和重量，而“波束能量挑战”则是测试以高强度光源为动力的太空梯爬升功能。每年都有不少大学和工业界的参赛队伍报名参加这项赛事的角逐。

目前，科研人员初步估计，未来数年内就可以完成太空梯的原型设计。但是，太空梯的升降梯制作则需要多花20年的时间才能完成。与此同时，“太空梯”也存在不少技术问题需要解决，例如：如何避免低空飞行的飞机撞上爬升器的缆索。有科学家就表示，可以在地球靠近赤道的位置建立浮动基地，以保持飞机的航线始终是500千米的距离。

人类的这一梦想真的会实现吗？期待着这一天的早日到来！

未来太空探索者

昆虫是生生不息自然界中的重要一员，它们在地球上已经生活了至少3亿多年，现在全世界的昆虫大约有100万种以上，占所有动物的2/3。昆虫在我们的生活中无处不在，其分布范围极为广泛，从赤道到两极，从海洋、河流到沙漠，甚至上到世界最高峰——珠穆朗玛峰，下至几百米深的土壤里，地球上几乎所有角落里都有昆虫的身影。

正因为昆虫有着极强的环境适应能力，因此科学家希望能模仿它们做出机器昆虫，以用来探测其他星球上的各种复杂环境。

慢得像蜗牛的“勇气”和“机遇”

2004年1月，“勇气”号和“机遇”号探测车成功登陆火星表面，实现了人类探索太空历史性的突破。它们向地球每一次发送回来的资料数据，都足以让科学家们激动不已。

不过，凡事很难十全十美，这两辆探测车的行进速度实在让人难以忍受，在长达20个月的时间里，“勇气”号和“机遇”号分别只行驶了4.8千米和5.7千米。“机遇”号因为陷到一个30厘米高的沙丘而足足被困了一个月：为了攀登地面高度仅82米的小山峰，“勇气”号竟花费了14个月的时间，速度慢得就像蜗牛在爬。

小昆虫大启发

制造机动性能好、功能多、耗电量少的探测车一直是科学家们努力不懈的追求。怎样才能制造出性能更好的探测机器人呢？科学家们想到了昆虫那超强的适应能力，一些研究人员打算向昆虫学习，把昆虫的这一特点运用到即将研制的机器昆虫上去。

“机器昆虫”的雏形

在美国西部有一个专门研究生物机器人的实验室，这个研究团队正在研制一种有6条腿的机器人。它的外形看起来几乎就跟蟑螂一模一样，不过尺寸却被放大了近20倍。在实验室里，科学家们先利用慢镜头录像仔细分析了蟑螂的行动方式，然后将这种昆虫的关节结构全部照搬到了机器人身上。机器人的腿共分为5个部分，通过压缩空气促使机器人“腿关节”运转，但这种设计非常费电，也很复杂，任何一个部分失灵都可能使整个机器人瘫痪。

因此，科学家们打算把这个机器爬虫进行简化，制作出另一种机器人。把6条腿换成6个装着轮子的腿，每个“腿轮”由3条“小腿”环绕组成一圈，看起来就像带有缺口的轮子。随着轮子的转动，每个腿轮上的3只脚依次着地，推动机器人向前进。这样，机器人仅靠一台发动机，就可以驱使6个腿轮同时运转了，复杂程度也大大降低。

这种机器人的前部还装有2条触角，当碰到障碍物的时候，这两条触角能帮助它判断是绕开、爬过去、还是钻过去。机器人以中间两个腿轮的轴为分界点，分为前后两个部分，当它遇到较大障碍物时，还能像蟑螂一样将前半身抬起，后面4条腿负责提供前进的动力，前面2条腿负责向上攀爬——这些特征都使它和蟑螂的运动方式非常相像，

传统机器探测车还有其他一些缺点。比如，人们是在地球上，通过远程遥控对探测车进行控制的，这样会使每个指令从发出到返回，中间有40分钟的延迟。因此研制出能够完全“自我控制”的机器人是非常重要的，要想通

过精确编程来控制6条腿的机器昆虫前进步伐，几乎是不可能做到的，科学家只好再次将目光转向了仿生学。

“机器蝎子”诞生了

据说，德国不莱梅大学的机器人研制小组，在研究了多种动物运动的生物学机制基础上，正在制造一种有8条腿的机器蝎子。要知道，在动物体内因为有许多神经元连接在一起，所以才能控制肌肉有节奏地收缩和伸展，最终控制运动。机器蝎子体内，则通过电路来模仿这些神经元，产生有节奏的信号，控制发动机操纵每条腿上的关节运动。

机器蝎子内部装有许多传感器，用来探测身体、关节、足端的倾斜程度，这些信息再返回给电路进行处理，以确保机器蝎子能在起伏不平的地面上顺利行走。它可以平稳地走过岩石、沙地和陡坡，当传感器感到机器蝎子被绊住时，它们会马上启动预先设定好的程序进行复位。这种机器蝎子还有一个了不起的能力：如果不小心翻了身，它不会像真的蝎子那样动弹不得，它的腿可以翻转过来，使它继续行走。

英国航天中心的机器人专家说：“大约在15年内，轮式探测车就很难再胜任科学探索活动的要求。”这位专家正和其他仿生学家一起研究可能用于太空探索的仿生技术。他说：“为了保证太空探索任务源源不断地传回新数据，这种受生物启发的创新是不可缺少的，将来机器昆虫将在太空中大有作为。”

飞机逃生的“超级武器”

乘坐飞机旅行，可能是我们目前最为快捷的交通方式了，但由此而造成的一系列空难事故却也触目惊心。

2005年8月14日，塞浦路斯某航空公司一架波音737客机，在雅典附近的荒山上坠毁，机上115名乘客和6名机组人员全部遇难；祸不单行，在随后的第2天，哥伦比亚一架麦道82客机也在委内瑞拉境内坠毁，机上160人全部遇难，在2005年8月还发生过大大小小好几起航空灾难，就好像在这个月，全球航空业进入了一个灾难期。

航空事故如此频繁，使人们对乘飞机旅行产生了极大恐惧，航空安全也再次成为一个需要认真对待的严峻问题，随着科技的不断发展，该如何提高飞机的安全性呢？

给飞机“背上”降落伞

人们遭遇空难时，降落伞可是一件逃生的工具。但是，在很多客机上是不会配备有降落伞的，因为降落伞的使用是需要专业培训的，但绝大多数乘客可能都不会使用，而如果有一个超级大的降落伞，能在紧要关头把整个飞机都带起来，这样是不是种解决问题的办法呢？

目前，美国航空航天局已经与飞机紧急降落伞系统公司合作，打算在30年后制造出一种特殊的、可用于小型飞机的“紧急降落伞系统”。当飞机失去控制时，机长可以马上打开降落伞，令飞机安全降落到地面，毫无疑问，那样空难事故会减少很多。

在实验中，科学家们把这种降落伞系统装置安装在一架小型飞机第二排座位的后面，它的强力绳索分别系住飞机的机翼、机身和机尾，降落伞可在1秒钟之内迅速张开。

加拿大科学家在一架无人驾驶的小型飞机上，模拟了一段飞机失事时紧急降落装置的效果：在一个狂风暴雨的夜晚，一架小型客机突然失控，眼看就要撞到大山上去，就在这紧急关头，驾驶员果断地使用了紧急降落伞系统，一个巨大的降落伞在飞机尾部打开了，小飞机在降落伞的“帮助”下终于慢悠悠地安全降落在山前一块平地上，飞机里的橡胶假人一点损伤都没有。

但目前这种“最先进的降落伞”只能负荷大约1 800千克的重量，帮助一架只有900千克重量的小型飞机并不困难，但航空专家对这种降落伞能否用

未来用在飞机上的降落伞

于大型客机还表示怀疑，因为大型飞机除了重量大之外，其速度也比小型飞机快多了。因此，研究人员的首要任务，就是发明出更为坚固耐用的降落伞，以适用于更大型、速度更快的飞机。

这不是恐怖爆炸

就在前不久，加拿大政府批准了一款新型喷气式飞机的设计专利。该方案中有一个非常令人感兴趣的设计，就是将客机、货机的最里层，改装成数个前后相通的密封舱，并在各密封舱结合部位的夹层中安装一种小型爆破装置，这可不是什么恐怖分子的劫机炸弹，而是一种为保障乘客安全设计的最新装置。

当飞机在空中遇到紧急情况时，飞行员只需按下一个控制按钮，这个装置就会发生小爆炸，使载有乘客和机组人员的密封舱完整地与机身分离开来。这些分离开的每一部分都配备有降落伞、震动缓冲器、膨胀筏和推进喷射装置，这些设备将引导密封舱缓慢落向地面，从而保障机上乘客的生命安全。

不过，这种“刺激”的装置我们现在还看不到，估计要到30年后去了。

人类只有在面对死亡的时候，才会感到自己的渺小，生命的脆弱。虽然有些意外的发生是人们无法预知的，但是防止发生意外却是可以做到的，希望以后这种意外尽量少些，最好不要发生！

前往火星之路

人类在成功登陆了月球之后，又准备向下一个目标——火星进发了。火星是太阳系九大行星之一，按照离太阳由近到远的次序排列为第四颗。飞往火星，从技术上来说并不比登月更复杂，只是所需的燃料和供氧远远多于登陆月球这样，难度也就产生了。

最早的登陆火星计划

前苏联早在20世纪60年代就制定了一系列飞向火星的计划，而且还设计了各种飞往火星的飞船，但最后却都因火箭发射失败而终止了。俄罗斯在20世纪90年代中期也制定过载人火星飞船计划。他们在“和平号”空间站上训练宇航员，以掌握在太空长期生存必需的技术，因为飞往火星来回至少要一年半时间。俄罗斯还打算在“和平号”上装配飞往火星的飞船，以减少从地面发射所需的动力，并和美国联合研究飞往火星的计划。

火星直接登陆

美国远征火星的计划展开了将近40年，期间遭遇的挫折也不少，还曾一度打算把全盘计划推迟。不过，“奥德赛”号的成功登陆和各种发现为美国太空总署注下强心针，太空总署已准备在未来十年加快火星探索步伐，实现人类登陆火星的宏愿。

美国宇航局组织科学家们组成了研究载人火星飞行方案的专门小组。他们的方案叫做“火星直接登陆方案”，这和常用的登月模式有些不同。一般通常的太空登陆模式是：先发射一艘大飞船，到达星体附近后送出一个小登陆艇，之后再让大飞船在轨道上等待宇航员的返回。可是这些科学家们却认为这艘大飞船是完全不必要的，因为多造一艘飞船，就要多一次发射、多一笔开支；其次，把它留在轨道上还要消耗大量的氧气和燃料；最后，飞船上的宇航员还要面临失重和防辐射等问题，这样的话就会缩短在火星上的探索时间。

未来的火星探险基地

而他们新主张是，先用无人飞船送一座能生产水、氧气和生产燃料的甲烷小型化工厂到火星上，以减轻飞船携带生活原料的负担；然后再用另一艘载人飞船把宇航员送到火星上，利用小型化工厂提供的水和氧气维持生命；在火星上所生产出的甲烷又可以作为燃料，使宇航员乘飞船返回地球。

太空城堡中的出租车

不过研究小组提出，在火星表面生产大量燃料，以便返回地球的方案，增加了飞行的危险性和复杂性，而更强大的等离子助推火箭还要经过多年的研制才能用于载人宇宙飞船。

于是科学家又想出了一个折中的方案：在使用化学火箭作为助推器的同时，利用行星的重力作为增加飞船的推进力，也就是依靠地球和火星的重力给飞船增加推动力。为此，首先就要在绕太阳运行的轨道上建立几个周期性接近地球和火星的长期性空中基地——“太空城堡”，机组人员可在那里居住两年乃至更长的时间。

在“太空城堡”和火星或地球相接近期间，来往于行星间的旅行者所使用的小飞船，就可以像地球上的出租车一样，在星球和城堡之间往来。这种小飞船将使用离子推进技术，这样一来，不仅缩短了飞船的旅程，也无须携带或在火星上生产大量燃料，克服了使用化学火箭的弊病，且飞行时间还可以缩短。

尽管小飞船有这么多优点，但它的造价实在是太高了，很难和传统的登陆火星方案价格相比。而且必须进行大规模的投资，才可能把纸上的方案变为现实。

登陆火星并不容易

登陆火星——人类还从未离开地球如此遥远，从心理上来看，这会对宇航员造成什么样的压力呢？人们能在狭窄闭塞的空间里融洽地相处两三年吗？火星探索还是男士优先，女性同胞的加入是否能协调气氛？这些先锋使者到达火星后需要用到什么设备和技术？知道火星大气层中含有大量的水分子是一回事，能把它们“挖掘”出来变成可饮用水，或是火箭燃料又是另外一回事。谁会是第一个把脚印印在火星上的人呢？他或者她很可能是美国人，因为在相当长时间内，只有他们才有这个实力和财力。

神奇的“火星植物”

伴随“神舟六号”顺利升空和返回，与航天相关的知识再次成为人们讨论的焦点。不过，现在科学家们又把目光对准了火星，他们可是准备去火星上面耕田种地去的！

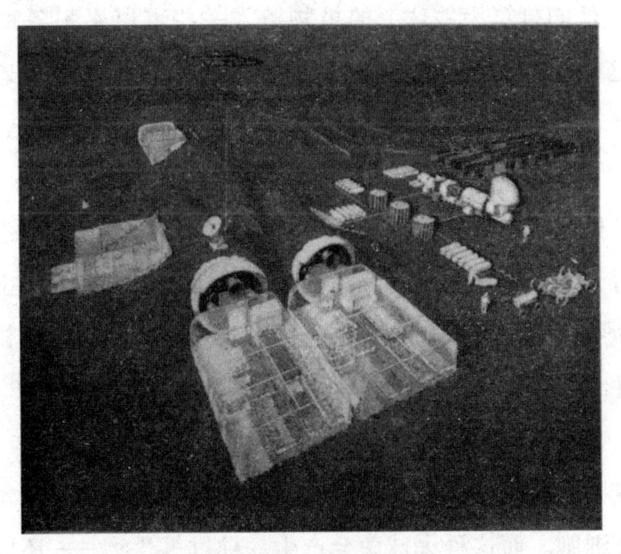

计划中的火星基地

火星上也会有苹果

航天员进行外太空飞行前都要在航天飞机中储存大量的食物。可想而知，这些食物就算做得再精美也比不上新鲜食品可口，而且营养价值也未必高多少；另外，随着人类探索宇宙的足迹越来越远，今后宇航员很有可能在太空一待就是好长一段时间，这样的话，新鲜食物的供给对于“太空远途航行”

就是一个重要的保障了。于是，有科学家想到：要是以后能够在月球，甚至火星上就地种植各种蔬菜瓜果，当宇航员前来进行考察时能就地采摘红红的大苹果，那可比吃罐头食品好多了。火星上种蔬菜？这是科幻小说吧？其实只要我们耐心等待 50 年就会知道这绝对不是科幻，因为到那时不光是宇航员，就连在超市里卖的蔬菜水果说不定也是在火星上培育出来的呢！

钢筋铁骨的火球菌

为了尽快实现火星种植计划，美国科学家正在进行一项“改造植物生命”的研究，他们打算为地球上的植物植入一些可以忍耐各种极端自然条件的基因，这样，普通植物才能够经受住火星的恶劣环境。毫无疑问，50 年后的宇航员一旦有了新鲜食物供给作为保障，他们探索太空的道路将走得更远。

研究人员打算用跨物种基因移植的方法，为植物植入能够忍耐极高或极低温度、辐射、干旱和异常重力环境的基因，使植物能在火星上生长，培育一个“外星生物圈”的基础。他们首先用喜欢热能量的火球菌初步验证了这一设想。这种细菌生活在海底火山口或热泉眼附近，能忍耐从 0℃到 100℃的极端温度。

在极热或极冷的温度下，大多数生物的细胞会出现氧化现象，过度的氧化会慢慢杀死细胞。而这种火球菌会产生一种过氧化物——还原酶，能抵抗住细胞的氧化，维持细胞的生命。因此，研究人员首先用烟草作为模型植物，将火球菌的还原酶基因植入到模型植物的基因组中。他们发现，增加了新基因的模型植物生长状况良好，并且能生成和火球菌一样的还原酶。

是不是很神奇？但这一成果还是被科学家们称为“非基础性的”，它只是开创了“设计极端条件下生存植物”的先例。研究人员还必须花费更多的时间，验证增加基因的“设计植物”能否真正经受极端温度的考验，以及新增的基因会不会对植物产生副作用，他们下一步准备将火球菌的更多相关基因植入到植物基因组内。太空植物除了要对太空冷热温度有所抵御外，还要能经受得住太空中强度非常大的辐射损害。

人们对于太空食品最大的担忧，就是其安全性，其实这个担心是多余的。科学家们解释说：太空食品的安全性不存在任何问题。因为，航天育种并不是经过人为方法使植物产生变异，只是通过一些科学手段，加速了植物需要几十年甚至上百年的自然变异过程。而且，国际原子能机构、国际卫生组织、国际粮农组织已联合认定：利用物理的、化学的等人工诱变技术培育的作物种子的安全性是毫无疑问的，完全达到规定指标要求，是可以让人放心的安全种子。

宇航员的健身房

过山车是公园里人人喜欢玩的游乐项目，那种风驰电掣、有惊无险的快感令不少人着迷。那为什么过山车在运行过程中，即使倒挂在轨道上也不会掉下来呢？因为过山车的运动包含了许多物理原理，人们在设计过山车时巧妙地运用了这些原理，其中最重要的就是引力。

坐在过山车最后一节车厢里的游客在参加这一项目时将获得“最为刺激的一份礼物”——事实上，体验过山车下降的感受在其尾部最为强烈，因为当过山车从轨道上俯冲下来时，车尾通过最高点的速度比车头要快，这是由于引力作用是作用于过山车中部的，这样，坐在最后一节车厢的人就能够快速地达到和跨越最高点，从而产生一种好像被抛出车外的感觉——神奇吧？

目前宇航科学家们正打算把过山车的这种特性利用到宇航员平时身体训练当中去。

并不舒适的太空生活

大家都知道，我们之所以能够在路上随心所欲行走、跑步、跳跃，是因为地球上有地心引力。而太空中却没有地心引力。所以宇航员在太空中长期都处于失重的环境下。但是，成天飘在空中“生活”，会导致肌肉出现萎缩，骨骼也会变得更加脆弱，这种现象即使在宇航员返回地面后，依然需要很长时间才能使身体恢复到正常状态。不管是在空间站，还是在登月、登火星这样的长期太空旅行，如果不采取必要手段，那么宇航员身体某些部位的肌肉萎缩率将可能高达25%；而且如果航天飞船在返回地面时出现紧急情况，宇航员们将面临更大的危险：此外，心脏也会在长期的太空旅行后变得虚弱，宇航员返回地面后有时还会因为站起来的速度过快而发生晕厥。为了保证健康，目前宇航员在太空中每天都要做两个小时的运动。

太空中的健身器

现在，科学家们正在开发一种新的方法，能让宇航员在太空做运动时，感到好像就在地球上一样，这是因为这套新开发的人力系统会产生一个类似地球重力的环境。美国科学家们正在计划设计一个名字叫做“太空转轮”的装置。他们希望这种运动装置能在加强宇航员肌肉锻炼的同时，也能保证宇航员心血管系统的健康。

“太空转轮”就像一个大的离心机，中间是一个转轴，一端是一个自行车状的装置，另一端则是一个平台。通过蹬自行车，“离心机”开始旋转，自行车和平台都向外晃荡起来。根据旋转速度，人力离心机可以产生 0.5 千克至 2.5 千克的人工重力。这时，一个宇航员在太空转轮的一头做蹬自行车运动，在另一头平台上的宇航员又可以做下蹲运动了。

正在参加健康实验项目的宇航员

人工重力新用途

目前条件下，宇航员只能用皮带将自己绑在健身自行车的座椅上做运动，但这很不舒服，如果有了人工重力，宇航员就可以像在地球上一样自然舒适地骑在自行车上：在失重的情况下，做举重锻炼没有任何意义，为此宇航员使用一种有弹性的“健身练力带”来进行锻炼，但在以后“健身练力带”也不需要了，因为在新的设备上做下蹲运动，需要抵抗的重力甚至比在地球上还大。而且，在这种环境下锻炼可以在更少的时间内取得更好的效果。

现在科学家正在研究，在这种离心机上做下蹲运动会不会达到在体育馆举重的效果——看来他们还打算在将来，把这种设备运用到训练参加奥运会的运动员身上；今后几年他们还将把因腿部肌肉萎缩，而使用拐杖的人作为研究对象，从而考察下蹲运动是否能恢复肌肉机能——这个目的也是想使这种设备真正造福全人类。

不过，这种旋转对于空间站或者航天器可能会产生一个反向的扭转，这样对航天器可不会产生什么好的后果，科学家们目前正在研究如何在装置上消除这种影响。而且从另外一个角度考虑，太空中所有资源都是很宝贵的，如果设法让宇航员的体能不被白白消耗掉，利用宇航员在健身时产生的能量进行人力发电那岂不更好！

未来的航天飞机

航天飞机是可以重复使用、往返于地球和太空近地轨道之间，运送人员和货物的飞行器。它可以把维修太空望远镜的人员运送到太空上去，还可以顺便为在月球上辛勤劳动的宇航人员送点慰问品等等。

航天飞机通常设计成火箭推进的飞机，返回地面时能像飞机那样下滑和着陆。航天飞机的出现为人类自由进出太空提供了很好的工具，是航天史上的一个重要里程碑。但现在使用的航天飞机也有许多不足之处。

1986 年，就在“挑战者”号航天飞机爆炸事故发生数周之后，当时美国总统里根就宣布了要开发新型航天器的计划。30 年后，这种新式的航天飞机将在大气层边缘处飞行，估计它从美国华盛顿飞到日本东京只需要 2 个小时。它的飞行速度将是声速的 25 倍，能够十分轻易地进入或离开飞行轨道。它不再需要像以前那样携带庞大的外部燃料箱和助推器，这样的话，它的安全系数将得到大大的提高。

航天飞机亟待改进

2002 年 9 月，新一届美国政府又宣布了一项取代航天飞机的计划。一方面是在 10 年之内开发出一种“轨道太空飞机”，与前美国总统里根的“国家航天飞机”计划不同的是，它将使用常规的运载技术；另外一个方

正在设计中的未来航天飞机

面就是进行全新的系统设计研究，但并没有对何时能研制出这样一套新系统设定严格的时间限制。

但在2003年2月1日美国“哥伦比亚”号航天飞机再次失事坠毁之后，这些计划再一次发生了变化。人们期待在未来，航天飞机应该更像是普通的飞机。

由于有了“哥伦比亚”号航天飞机的失败教训，航天飞机在大气层中的可操纵性，以及它重新进入大气层时，能否忍受高温就理所当然成了关键性的问题。

30年后，航天飞机的外形更会像是一个长了翅膀的砖块。它生硬的外形会在重返大气层时产生强大的冲击波，这有助于机身免受周围大气层摩擦的破坏：而如果它们的外形和飞行方式类似于高性能喷气式飞机，那么其机翼前沿的温度将远远高于目前大约1600℃的水平。针对这些，科学家们正在研究一种新型的复合陶瓷材料，这种材料可以忍受将近28000℃的高温，但目前这种材料还比较脆弱，而且很笨重，要想真正将它们用到外形圆滑的航天飞机上，还有很多的研发工作要做。

超音速冲压式喷气发动机

然而科学家们遇到的技术障碍还远远不止这些，如何让航天飞机安全进入轨道才是首要的难题。为了克服地球引力的作用，航天飞机必须加速到每小时4万千米以上的速度。

要想飞得快，首先就要解决重量上的问题。数十年来，工程人员们绞尽脑汁，力图解决飞行器的重量问题。由于燃料占了助动火箭重量的绝大部分，最好的解决方法就是使用一种重量轻、效率超高的推进剂。

新一代的航天飞机不会再携带大量的液态氧，而是在超音速状态下在大气层中随时吸收氧气，再进行压缩，然后使用一个特殊的气缸，与航天飞机自身携带的液态氢进行燃烧。在加速到声速的若干倍之后，飞机将会竖直向上升入轨道。这种新颖的发动机设计称为“超音速中压式喷气发动机”。

除了减轻燃料携带量以外，减轻航天飞机自身的重量也是一个可行的途径。20 世纪末期，美国科学家们就设计出了能够以“单级推进方式”进入轨道的轻型航天飞机。

这种航天飞机是用石墨和环氧树脂复合材料做成的，重量只是常规航天飞机的一半还不到。但是在 1999 年进行的试验中，用这种材料做成的氢燃料箱壁发生了破裂。在已经花费了 10 多亿美元的经费以后，人们只能被迫放弃了这一计划。

轨道太空飞机的研究

现在美国宇航局的航天飞机替代计划比以前要保守得多。它不再将全部的资金和时间都押在先进的引擎或轻型复合材料上，而是计划建造一个小型航天飞机，命名为“轨道太空飞机”。这种轨道太空飞机将被捆绑到常规的一次性火箭助推器顶部，发射到太空中。该计划的目的是要让它先作为国际空间站的“救生艇”，过一段时间以后，再作为空间站人员轮换使用的常规运载工具。

“哥伦比亚”号的失败几乎给美国的载人航天计划以致命的打击。但专家们可以肯定的是，在研制新式重复使用式航天飞机的过程中，所遇到的技术障碍是能够解决的。同时他们也指出，只有当计划的倡导者以一种审慎的目光看待目标时，他们才有可能获得成功。

宇航员都是“superman”

一想到“超人”，我们眼前就会浮现出这样的画面：红色的披风配上蓝色的紧身衣裤，“超人”飞翔在蓝天中为世界和平努力奋斗着……这套衣服是“超人”最显著的标志，就连我们未来宇航员的衣服都要向它看齐了。

一提到宇航员，我们就会想到那是一个带着透明大头盔，穿着厚重宇航服，在月球上缓慢行走的人……不过，现在科学家正在试图改变宇航员的这种形象。30 年后，我们在电视上看到的宇航员，将身着一种类似紧身衣的轻薄高科技防护服，而且这种太空服还能根据周围环境的不同来改变颜色。

有点像“超人”紧身服

美国研究人员目前正在研发一套“生物服装系统”。在这种类似于“人类第二层皮肤”的衣服，表面上喷有一层可被有机生物分解的涂层，该涂层能够在布满灰尘的行星环境中保护宇航员。而且在这种所谓的“第二层皮肤”中，还能嵌入由电力驱动的人工肌肉纤维，以此增强宇航员的力量和耐力。这样的话，宇航员就能轻而易举地完成许多现在靠机器才能完成的吊装工作。

此外，“生物服装系统”中还能内置有通信设备，生物传感器、电脑以及用于太空漫步等舱外活动的攀登工具等。

对于这种设计，科学家给出了一种新型的设计理念：“我们去月球和火星，并不是为了待在太空舱里，进行舱外活动才是我们的主要目的。我们需要给宇航服瘦身，让它变得就像是人身上的第二层皮肤一样，从而让宇航员行动自如。”

灵活性和重量小是关键

“生物服装系统”和传统的宇航服一样，也是由一套宇航服和一个增压头盔两部分组成，但头盔和衣服的结构却和现在的又大不相同。

宇航员穿上量身定制的、具有弹性的“生物服装”后，还会再套上一件“硬壳”背心。背心上装有一个便携式生命支持系统，给身体提供气体反压力。气压能够自由流入头盔，以及通过置于“生物服装”的气管进入手套和靴子内部。

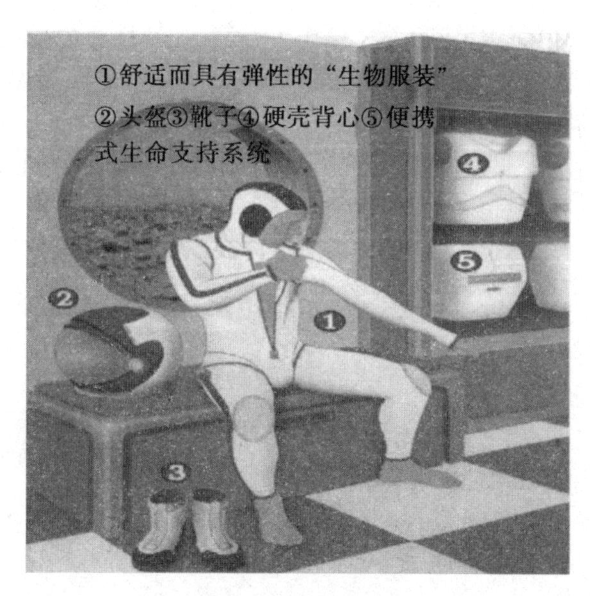

未来宇航示意图

今天臃肿的宇航服对宇航员的活动限制很大，此外，宇航服的重量也是限制宇航员活动的重要因素。“虽然在重力较小的环境中，那些限制不能算是大的障碍。但是对于一套先进的、用于月球和火星的探索宇航服来说，灵活性和重量小是极为重要的。”

从事这一项目研究的科学家们认为，把研究成果转化成能够实际运用的宇航服，关键在于一些技术进展。而制作“生物服装系统”所需的开放式泡沫材料、记忆合金等智能材料以及电子编织技术在过去几年里都获得迅速发展。

让二氧化碳自动转为氧气

现在的宇航员如果要出太空舱，在太空里行走作业，要么背上一个重重的氧气瓶，要么通过一条呼吸导管与太空舱相连，由太空舱向宇航员提供所需的氧气。这样一来，宇航员的行动就受到了很大的制约；舱外作业也充满了各种危险，万一呼吸管道裂开一个小小的口子，宇航员的生命就会处在极度危险之中了。

科学家们最终希望，让宇航员与宇航服之间，能够实现像人与地球植物那样的共生交互作用——宇航员呼出的二氧化碳和水蒸气，在宇航服内能被容易地重新转化成为可呼吸的氧气。

到那时，宇航员们才能真正发挥他们全部的神奇本领，在广阔无垠的宇宙里为科学探索努力工作。

二、环境能源

天上的风力发电站

还记得那个骑着一匹老马，勇敢同“敌人”——风车作战的骑士堂·吉诃德吗？有人认为他是个笨蛋，竟然把风车当成妖怪；但很多人却敬佩他的勇气，因为他不顾别人的嘲笑，努力朝着自己的理想前进。

当然这里可不是介绍堂·吉诃德，而是故事中的另一个主角：风车。风车大家都很熟悉了，一间有着三角顶的小房子，上面装了一个好像电扇扇叶样的东西，这就是风车了。世界上以风车闻名的国家就是荷兰，人们习惯把荷兰称为“风车之国”。

荷兰的风车

风车发电面临的困难

最早的风车是用来帮人们提水灌溉的，然而，现在大多数风车被人们用来发电，因为风能是世界上最不缺的能源之一，另外还没有污染环境的问题。根据报道，目前全世界风车发电的装机容量已经达到了5万兆瓦，大约相当于50个核电站。但是，这种没有污染的能源利用，还是面临着不少问题。例如：它会产生很大的噪音，每次叶片旋转的时候，就会干扰附近通讯信号的接收；另外还由于自然界的风力常常不够稳定，导致风车实际发电率很少能高于三成。假如风刮得过大，类似台风和龙卷风什么的，那结果就更惨了，风车往往就会“夭折”。

风车应该飞上天去

为了解决风车发电的这些问题，科学家们想到了很绝妙的解决办法：澳大利亚的一位工程师建议把风力发电机放飞到空中，而不是安装在地面上。这是为什么呢？

原来，在5000米到15000米的高空中，风是以每小时320千米左右的速度流动着的，如果风车能在这一高度发电的话，估计发电效率将达到80%到90%。目前，他已经与其他3位工程师开始合作，在美国创办了“天空风能公司”，以实现这个“异想天开”的发明。

他们研制的设备取名为“飞行发电机”，它由1个架子和4个螺旋桨组成，根据这位工程师的设想，到时这个飞行发电机将像风筝一样，在风中不停地盘旋。每个螺旋桨直径均为40米，完全用碳纤维、铝合金、玻璃纤维等航空材料制造。

同时与地面相连的“风筝线”具有固定发电机和传回电能两个作用，这些线约10厘米粗，内层是导电的铝丝，外层则包着极为坚固的纤维。这个飞行发电机约重20吨，起飞的时候，由地面向其供电，使螺旋桨旋转，就像直升机一样带动整个结构升空，达到预定的高度后，倾斜40°左右，这时候一方面利用风产生的升力继续维持这个高度；另一方面利用风力带动螺旋桨发电，然后把2万伏特的电压传到地面上。

便宜的电

现在电价越来越高，那么通过这个“大风筝”发的电也会很贵吗？以目前对“天空风车”281万瓦的设计发电能力、一般美国城市上空80%的风力发电率计算，每度电的成本约为1.4美分，绝对比用其他发电燃料来发电便宜得多。

这位充满着奇思妙想的工程师还曾在澳大利亚试验了一种初级空中发电机，不过当时的设计相对简单，只能在低空试飞。而高空发电机的设计要更为复杂：需要计算机来控制平衡，再通过全球卫星定位系统定位；要保证在恶劣天气与机械故障情况下能进行方便的维护，还要避开闪电电击带来的损失。

根据“天空风能公司”的计划，只要获得了美国联邦航空局的批准，他们就将在2年内建造出一个功率为200千瓦的发电机原型，并在美国上空进行试验。出乎意料的还有：这种发电机造价成本非常低，只需大约400万美元。而我们现在用途最广泛的火力、电力发电机造价都在上千万甚至上亿元！

如果30年后有一天，当我们抬头看到天上正飘着一台台风车时，千万别以为是在做梦啊！因为那正是“天空风车”在为我们提供干净、便宜的电力。

未来“点石成金”术

传说中国古代晋朝时，曾有一个法术高深的县令，名叫许逊。他能施符作法，替人驱鬼治病。百姓们就称他为“许真仙”。一次，由于收成不好，农民缴不起赋税，许逊便叫大家把石头挑来，然后施展法术，手指一点，把石头都变成了金子，这些金子补足了百姓们拖欠的赋税。成语“点石成金”就由此而来。

谁都知道这只是个神话故事，把石头变成金子是根本不可能的事情！但凡事都没有绝对，如果有人告诉你，他可以把垃圾变成黄金，你会相信吗？不要太惊讶，因为50年内这将会梦想成真。

当今电子行业正处在发展的巅峰状态，手机、电脑及其他电子产品在造福人类的同时，也日益污染环境。在这种情况下，如何无公害地处理电子垃圾，就显得尤为重要了。

现实中的“点石成金”术

其实在电子垃圾中有着非常丰富的资源，其化学成分与加工这些电子产品过程中，所用的材料几乎没有差异。废旧电器中含有大量可回收的有色金属、黑色金属、塑料、玻璃以及一些仍有使用价值的零部件，如果处理得当，电子垃圾成为与天然资源同等重要的“电子矿山”是完全没有问题的。

这些年来，科学家们一直在试图开发一种新技术，这种技术能够在家庭普及使用：能从电子废弃物中回收金银等金属。通过一系列的溶出、还原、精制、干燥和熔炼等工艺过程后，可以得到含金（银）量达到国际标准的金锭或银锭。用此项技术处理垃圾，可以从300多吨的电子垃圾中，大约提炼出100千克的黄金。

电子垃圾的回收使用，其实早在20世纪70年代就开始实施了。无公害处置电子垃圾的目的不仅在于得到其中的真金白银，更重要的是为了使二次资源的利用率达到最大化，同时使利用过程对环境的危害最小化。但由于技术与资金的问题，如何处理电子垃圾提炼黄金过程中产生的有害物质，成为技术的一个关键问题。

令人欣慰的是，30年后采用新技术处理电子垃圾的过程将是完全无害的。整个处理过程不会产生任何污染。而且这个过程中需要的用水量也不多，其中的大部分还可以循环利用，余下的极少部分通过蒸发处理，达到了废水的零排放。同时，提炼过程中产生的“残渣”，也能被制成建筑材料，用于修桥补路，真可谓“一箭双雕”啊！

人人都是百万富翁

一定有人会这么问：垃圾中提炼的黄金与在矿山开采提炼出的黄金有什么不同呢？会在质量与纯度上有所不同吗？人们已经习惯了在矿山中开采黄金，对这种“垃圾”中提炼的黄金还存有一些怀疑。

经过研究人员严格的计算，从垃圾中提炼的黄金纯度将绝对可以达到国际标准，就是指黄金的纯度达到99.95%。而我们日常所熟悉的黄金纯度为99.9%。所以，用电子垃圾生产提炼的黄金与采矿所得的黄金是没有本质上区别的，只是方法不同而已，并且从电子垃圾中开采的成本要比从矿山开采的低得多。

毫无疑问，电子垃圾提炼黄金可以很大程度上解决一些能源与环境问题。目前，世界上虽然已有一些国家建立了电子垃圾回收示范基地，但电子垃圾处理体系和相关产业的建立却困难重重。其中最困难的就是如何让公众明白“垃圾中有黄金”这个道理。

现实生活中，很多人对于电子垃圾的严重性不了解，没有养成回收意识，将电子垃圾与生活垃圾同等对待，不仅造成了环境污染，还在很大程度上造成了电子垃圾的回收处理的难度。例如：就拿废旧电池来说，没有专门的部门回收它们，其实废旧电池里面的电能很难完全用尽，完全可以回收进行再利用处理。而且废旧电池中含有重金属，随意丢弃会对环境污染造成很大的威胁。

但30年后，如果有这么一种“电子垃圾回收器”直接进入了百姓家庭，公众回收与环保意识，肯定会在现实中得到加强的，因为谁都希望每天能收获一点点金子，哪怕就那么一点点。想一想，中国的十多亿人口，若是每天平均一个人能获得哪怕1克黄金，那都会是一个天文数字！

成堆的电子垃圾

能发电的牛

一头牛的平均寿命大约为20年。在这并不短暂的时间里，牛为人类奉献了自己的一生：它勤勤恳恳地帮人们耕田种地，任劳任怨；吃的是草挤出来的却是含有丰富钙质和营养的牛奶，而且从来不计较任何回报；为人类提供肉食等等。不仅如此，就连牛的粪便也照样可以被人们充分利用起来。以前在牧区，人们大都用干牛粪烤火取暖，但现在科学家们研究发现把牛的粪便集中起来竟然可以产生电能！

这种发电方式的工作原理是利用牛粪中释放出来的无色、无臭的气体——甲烷，为发电机发电提供必要的能量。

牲畜也会有污染

牛、羊、骆驼等食草动物是甲烷、二氧化碳等加剧空气污染和地球温室效应物质的重要释放者。目前，世界上共有10.5亿头牛和13亿只羊，这些动物通过放屁和排泄排放出的甲烷气体含量占全世界甲烷排放量的1/5左右，其中，牛产生的甲烷气体量最大，是其他动物的2到3倍。

为了解决这一问题，保护地球环境，目前科学界和各国政府都在积极想办法，力图将牛羊等动物的甲烷排放量降到最低，包括发明抑制牛羊胃中产生甲烷的3种微生物繁殖的疫苗。甚至一些畜牧业大国（例如在新西兰）政府还打算征收“牛羊打嗝税”。

1 500 头牛的“发电量”

牛的粪便受热并分解后就会产生气体甲烷，将这些气体收集起来可以作为发电机发电所需的能量，但粪便的分解过程通常需要 3 个星期的时间才能完成。利用牛粪发电还有其他很多好处，例如：从粪便中提取甲烷，可以去除粪便 90% 的臭味，分解后的剩余物质，还可以制成混合肥料给庄稼提供养料等等。

牛粪的发电“威力”也不容我们小看。按普通农场来计算，通过1 500 头牛，将足够供应 330 个家庭的所有用电量。

对于农场主们来说，这也是另外一条发家致富的新途径：他们可以想办法把这种电能集中起来，通过电缆输送到中心电网。

牛胃竟然也能发电

在科学家看来，牛可真是浑身都是宝，现在美国科学家发现通过作用于牛的瘤胃（反刍的第一胃），有望开发出另一种极具前景的电力来源。

就这科幻般的设想，科学家解释说：“牛的胃液本身是不能够充当电能的来源的，之所以可以作为电能，是因为牛胃液中有一种微生物在消化草或其他饲料的过程中会产生大量的能量，这样就能够产生大量的电能。”经过大量研究，科学家发现，半公升牛的瘤胃胃液中含有的微生物能够产生 600 毫伏电能。于是，他设计了一个特殊的实验器材来深入证明牛胃的发电功能。

神奇的胃液

科学家通过一根导管把胃液从活牛的瘤胃中提取出来，然后模拟瘤胃制造了两个无菌玻璃器皿，每个玻璃器皿均高约 30 厘米，直径约 15 厘米。把

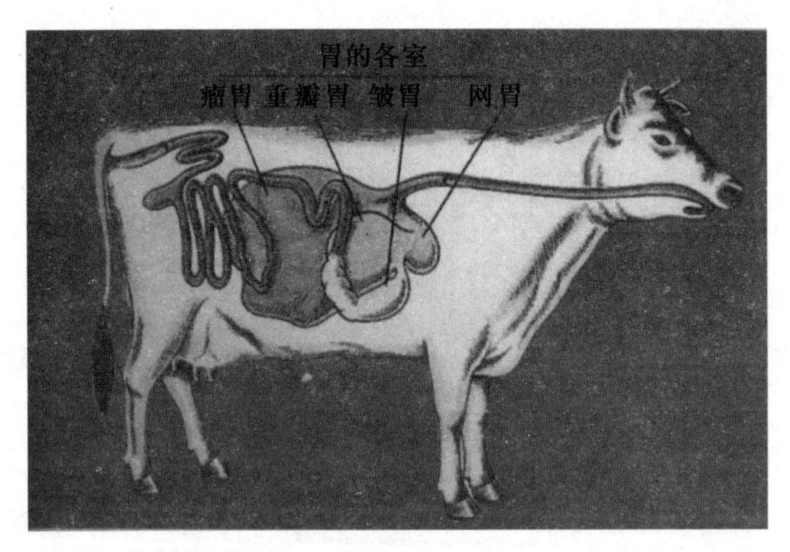

牛的身体消化系统

两个玻璃器皿连接在一起，中间用一种特殊物质隔开，其中一个器皿设定为电极的正极，另一个当然就是负极了。正极那个器皿中装满了瘤胃胃液和纤维素，以诱发微生物发生分解；负极的器皿中则装满帮助电能回流，形成铁氰化钾的物质。“当电流能够通过中间的特殊物质而从正极移动到负极，最后就能形成电流。”科学家说，通过测量这种方式，他们获得 0.58 伏的最高电压，4 天后电压降低到 0.2 伏，但是当加入新鲜的纤维素到正极器皿中后，电压就又恢复到 0.58 伏。

也许，目前断定牛的胃液是否可能成为优质电能来源还为时过早，因为毕竟通过这种方式获得的电能比较小。但是就现在的研究来看，牛粪很有可能在将来的某一天成为便宜电能的来源，这对于发展中国家来说是很重要的。

塑料太阳能电池

传说古时候天上本来有10个太阳，它们放射出的光芒把大地都快烤焦了，给农作物带来了严重的危害。当时，有位名叫后羿的神箭手，他弯弓射箭，只听见“嗖嗖”的几下，就把天空上的9个太阳都射了下来，只留下1个。大地上顿时凉爽了许多，农作物都有了无限生机，又开始茁壮成长起来。

当然这只不过是个神话故事，天上本来就只有一个太阳。太阳光是我们人类，也是地球上一切生物赖以生存的基础，因为太阳光能杀灭很多的有害细菌、可以为植物提供充足的光线进行光合作用、地球上动物机体的新陈代谢也一样离不开太阳光的照射。除了这些，太阳光对于我们其实还有很多用途，比如：在21世纪将被广泛利用的新能源——太阳能，它就是一种取自太阳，清洁、高效、永不衰竭的新型能源。

为了把太阳能有效地储存起来，好随时为人类提供服务，人们又发明了太阳能电池。太阳能电池是通过光电效应或者光化学效应，直接把光能转化成电能的装置。光电效应工作的薄膜式太阳能电池目前为主流，而以光化学效应工作的湿式太阳能电池则还处于萌芽阶段。

这里主要给大家说的是太阳能的又一新科技——塑料太阳能电池。

其实在卫星和宇宙飞船上，早已经用上了一些巨大的太阳能电池板，现在一些城市的街头也能看见一些由太阳能电池提供电力的设施，不过，这些在日常生活中遇到的太阳能电池，却往往局限于计算器、手表等一些小型电子设备上。由于这些以硅为材料的太阳能电池制造成本昂贵，又不方便安装，光电转换效率也比较低，大约只有12% ~15%，所以导致太阳能电池的大规

塑料太阳能电池板

模商业生产一直无法实现。因此科学家们一直都在努力，打算在30年内推出一款既有效、又经济实用的新型太阳能电池——塑料太阳能电池。

这种太阳能电池将充分利用塑料薄膜极好的导电性能，最大限度地提高电池的各种性能。而且这种电池还可以被“印制”到多种材质表面上。想想看，如果真是这样的话，到时候什么东西需要用到电池，我们只要把这种涂料涂在它的表面就可以了。由于这种电池具有成本低廉、制造容易、重量轻和易弯曲等特点，30年后肯定会成为推广普及的热门产品。

初探塑料太阳能电池

在这30年内，科学家们将利用塑料纳米技术来研制新一代的太阳能电池。像普通电池一样，这种电池的两头是两个电极，其厚度仅有头发丝那么薄，但却可以提供0.7伏的电压。它的关键是把太阳光能量先储存在电池内，然后再嵌入塑料薄膜的表面，制作成太阳能发电薄膜。这种太阳能发电薄膜成本很低、转换效率又高，可以有多种用途。

科学家们还将开发出另一种工艺，这种新工艺能够把二氧化钛和一种能吸收光的染料涂覆在塑料薄膜的表面，然后染料分子会把吸收到的光源用来激发出二氧化钛上的电子，从而发出电来。这种新型太阳能电池将主要应用于消费电子设备上。

由于现在许多东西都是由塑料做成的，因此采用新型的塑料太阳能电池，实际上能够使许多材料具有发电能力。例如：塑料太阳能电池可以被嵌入手提电脑的箱壁里，这样随时就可以在光照条件下对电脑充电；塑料太阳能电池也可以安装在电动汽车的车身，为电动机供电；就连房屋的屋顶都可以覆盖塑料太阳能电池，以供应日常用电，这样就算停电也不用怕了。

塑料太阳能电池技术的产生将带来巨大的经济效益。也许有一天，塑料太阳能电池能够让我们跟发电厂永远说再见了，过上电力自给自足的日子。

塑料太阳能电池技术对于电网不健全的发展中国家尤为适用。例如：电资源的短缺是中国西部地区常见的问题，西部地区很多地方虽然都干旱少雨，但阳光非常充足，在那里发展太阳能有着得天独厚的条件。如果在西部地区应用这种塑料太阳能电池，因地制宜，大力开发利用太阳能等新能源，把它们转化为电能，提供照明、广播电视、通讯、水泵等动力能源，对促进中国西部地区解决能源问题、脱贫致富、解决经济和生态环境协调发展的问题、实现小康将具有重大的意义。

未来的核电站

大家都知道，第二次世界大战末期，在1945年8月6日和9日，美国两架B—29轰炸机在日本广岛和长崎投下两颗原子弹，最终迫使日本无条件投降。原子弹爆炸的威力震惊了全世界——几乎整个城市连同14万人的生命都在巨大的爆炸声中灰飞烟灭。原子弹爆炸产生毁灭性能量的方式，实际上和太阳产生能量的方式是一样的。之后，在1954年前苏联建成了世界第一座试验核电站；1957年，美国又建成世界上第一座商用核电站。从第一颗原子弹爆炸到第一座核电站的建立，科学家花了大约10年的时间。

但是传统的核电站也充满了危险，经常会因为核泄漏而严重破坏环境，本世纪内地球上可供开发的石油资源面临干枯，那么新型的核电站是否能及时出现并投入使用呢？科学家给我们的承诺是：50年以后。

2005年6月28日是值得纪念的日子。因为这一天，来自欧盟、美国、俄罗斯、日本、韩国和中国的代表们在俄罗斯首都莫斯科达成共识，最终决定在法国南部的卡达拉什，建造一个耗资130亿美元的实验性核电站。这可以说是人类在新型核电站研究道路上，迈出的关键一步。

核电站的最大优势——安全

与传统核电站相比，新的核电站有安全、无污染、高效三大优点。传统的核电站之所以危险，是因为它随时都处于一种“临界状态”，这种临界状态一旦被打破，投入的核燃料超过了临界限，就有可能发生爆炸；其次，传统

正在建设中的新型核电站

核电站的原料还具有辐射性，泄漏出来会成为威胁周围人群健康的“隐形杀手”。

而新的核电站则永远会处于“次临界状态”，也就是离爆炸的临界线还有很远的距离，所以很安全。它就像是一个煤气炉，加入的燃料是被多次、缓慢烧尽的；而且，在任何时候管道里的燃料都非常少，如果燃料供应被阻断那么火焰还能够持续燃烧几秒钟的时间，不过这时候任何设备的运作都将停止。由于没有多余的燃料，所以煤气炉才不会爆炸。

新的核电站几乎不会给环境带来任何负面影响。一个 100 万千瓦的新核电站运行一整年，仅仅只需要大约 100 克的核燃料，同时还不会有温室气体或其他污染排放物。而要发出同样的电，一个燃煤发电厂大约需要 150 万吨的燃煤，同时还要产生大量的二氧化碳。

更重要的是，科学家目前已经可以从海水里面很容易地提取核原料，所以新型核电站所需要的原料几乎可以说是无穷无尽的。

必须解决的两大难题

但要使新型核电站正式投入实际发电，还面临两个问题：第一是维持长时间的超高温很困难；第二是现在还找不到能够长时间承受极端高温辐射的材料。

要使新核电站进行发电，其必要条件是使燃料炉里的温度达到1亿摄氏度左右的高温——原子弹爆炸的中心温度超过1亿摄氏度，但是显然不能用这种爆炸的方法来达到高温。现在，科学家普遍研究的是一种叫做“托卡马克”的装置，它在物理学上又被称为“磁线圈圆环室”，那是一个由封闭磁场组成的“容器”，可以依靠超级导电电流产生的强大磁场来产生高温。

在世界上仅有的几个“托卡马克”装置中，达到3亿~4亿摄氏度的高温都已被实现，都比发电站所需要的温度高出许多。但不尽如人意的是，这样的高温持续时间都很短暂，而新型核发电站则是需要持久稳定的高温，“要得到更持久稳定的高温，目前看来惟一的方案就是增加设施的大小，因为磁场的强弱是随着电流强度增加而增加的。”

其次是材料问题。发电机的内壁上覆盖有一米多厚的“地毯”，其作用是把发电反应释放的辐射转化为热能，然后再进一步转化为电能，科学家们准备测试组成“地毯”的材料。但要研制出这种由成熟的抗高温、抗辐射材料织成的“地毯”，大概还需要20年的时间。

目前已经成熟的发电技术，其主要原料在地球上的全部储量也仅够维持数百年之用了。地球上目前剩下的石油能源也还能使用50年，这50年恰好是科学家研究核电站能源民用化、大众化所需的时间。

科学家担心地说：“因此，全人类最终走向主要依赖于新发电站的能源是一个必然趋势。如果此项技术还无法在传统能源耗竭之前得到应用，人类将面临着因为能源枯竭而灭亡的危险。”

未来环保人人参与

由于工业的不断发展，环境污染也越来越严重。社会各界对环保问题也更加关注了，每个行业都在积极地进行环保行动。于是科学家们把目光投向了广阔无垠的大海，那么他们又都在做些什么呢？

这是一座大型的废料加工厂

生物学家的努力

目前生物学家们又开始忙碌地寻找一种能在全球消除环境污染的新方法了——新兴的生物工艺技术，这种技术实际上就是利用一些已有的原料或废料进行再生产，再回收利用，也就是我们经常说的废物利用。这种方法可能成为生物学家们的首选方法。例如：在日本，他们开始对微藻进行专门的培养，因为微藻的生长环境里有大量的二氧化碳气体，将这些二氧化碳收集起来，把它们进行分解、产生新的有用的物质，就可以作为重新使用的能源。这样，大气中的二氧化碳就可以循环使用，也就能变害为利了。

矿物学家的工作

最令人耳目一新的还要算是德国矿物学专家希伯尔兹的“矿物增生”建筑技术。什么是“矿物增生”建筑技术呢？简单地说，就是一种利用太阳光的光能量，把海水中的矿物质变成石灰石的办法。希伯尔兹博士的最终目的，就是想通过并不复杂的技术，使大海自己衍生出新的岛屿，并使岛上产出可以向陆地提供的建筑材料和金属。

希伯尔兹博士的研究小组把一系列线网放置到海底里的高山顶上，然后再把这些线网逐个连接起来，把它们接到一个提供直流低压的太阳能电源上。随着时间的推移，电化反应将使海水中的矿物质在线网里慢慢积聚起来，从而形成各种形状和大小的石灰石，这些石灰石的大小和形状可由线网的不同布局来决定。但矿物质的增生过程将有助于降低二氧化碳的含量，这就好比海绵吸水一样，海绵越大、越厚，吸收的水分也就越多。但这里用的是线网而不是海绵，线网吸附的也不是水，而是一种温室气体。希伯尔兹博士的研究小组相信他们的研究工作一定会取得成功，因为一些已经被安装起来的实验性装置，已达到了所预期的效果。

目前希伯尔兹博士的研究小组已经跟一个礁石保护协会进行合作，并在他们工作的小岛周围建立起了 5 个实验场地，目的就是打算通过线网通电的办法来生成礁石或石灰石。其中 3 个实验场地的能源来自于陆地；另一个实验场地的能源利用海水制成的所谓“湿电池”；第 5 个则靠太阳能装置。

研究小组希望通过他们的工作，最终能在位于非洲马德拉群岛与葡萄牙之间的海域上，“制造”出一个能够自给自足的岛屿。这将是一个跨度为 50 米的岛屿，其根部一直生长在大西洋的海底，这个岛屿虽说不大，却有着很多的用途：它有浅滩，可供人们休闲娱乐和游泳；这区域的海洋水流量不急，还是一个钓鱼者的乐园；更重要的是，在这个岛屿附近的海底充满了各种金属小结块，它们有铜、锰、镍、铁和钴等，具有很大的开采价值。

同时为了保证岛屿上居民们的安全，这个小岛屿的周围将筑起巨大的石灰石坝，而这些建筑材料来源，全都是从大海中自然衍生出来的。岛上除了建立一个太阳能和风力发电站以外，还将充分利用大海给予人类的恩惠，利用不同海洋流之间不同的温度差，通过一个专门的热能转化系统，大量吸收海洋里的天然能量，使之成为一个能提供大量能源的能源场。

到时，岛屿城市所用的建筑基础中，石柱也是由石灰石生成的。这种建筑材料不仅仅只为本岛提供建设材料，还可以源源不断地运往附近甚至更远的陆地，供陆地上的建筑工作所用。30 年后的岛屿城市会有很大的发展前景，除了建材以外，还将提供多种金属材料。由于海底存有大量的金属结块，所以还可以在此建立专门的海下采矿中心，可以从结块中提炼出纯金属。虽然金属提炼也是一项很消耗能源的活动，但想要建立一个靠海水生产石灰石管道的制造厂并不困难，使用这些管道将深层的缓慢水流进行分流，再使其通过巨大的水力发电机桨叶而发电。

岛屿城市上的居民将主要以大量的海鲜作为日常食品。他们在岛外的海中可用网捕鱼，在家里则可圈养鱼或虾等海产品；而一般食用的蔬菜，都将在特殊的水溶液中进行种植。这些天然的绿色食品还是帮助岛屿城市进行经济发展的重要途径，他们可以把这些名贵的海产品和蔬菜推销到陆地上。这项技术的最大特点，是通过自然的循环过程，索取能源和财富，却不会产生任何污染。

环保事业绝不仅仅是科学家们的事情，如果人人都作出一份努力，未来的世界将会更加美好。

石油的替代品

许多年之前，就已经有人指出：有朝一日，地球上的石油将被用尽。他们建议尽早开始寻找和研究各种替代能源来代替石油。这些建议的目的在于减少人类对石油的依赖，以避免因能源的耗尽而导致严重问题的产生。

有些专家开玩笑说，由于油价太高，30 年后，餐馆将成为大多数有车一族最爱去的地方之一了，因为在那里做菜用的植物油也可以给汽车加油，这种做法听起来似乎是玩笑，不过，到时这可能真是惟一的解决方法了呢。

从植物中获取各种能源是一种非常古老的方式，它伴随人类走过了几十万年。然而，现在人们用石化燃料代替了植物后，不少国家的农民就会把收割粮食后剩下的秸秆烧掉。但这是很可惜的，因为这不但会浪费能源，还会增加大气中二氧化碳的排放量，污染环境。现在，不少国家已经意识到了这点，重新开始把利用植物能源作为今后的发展方向。

几十年以后，当玉米油、大豆油代替石油，成为人们生活中不可缺少的一部分后，那时农民们将成为富有的“油类大亨”。也许他们现在还没有意识到这一点，但以后这将成为现实。

目前生物燃料的研究焦点还集中在乙醇上，乙醇是我们日常所喝的酒的主要成份，所以又叫酒精。但这并不是惟一的出路，也不是最好的出路。乙醇是通过植物发酵获得的，虽然它可以作为一种很不错的燃料，但它也有许多不足之处，比如它不像汽油那样具有爆炸性，而且它会吸收水分，容易引起氧化、生锈和腐蚀。假如经常用它来代替汽油使用，可能有天汽车会突然起火、油箱里长满铁锈，或者等着车被慢慢地腐蚀掉。

与酒精相比，植物油更是随处都可以见到和找到，是汽油的一种更为适合的替代品，因为它和汽油的化学组成结构一样，其分子都是由烃链构成的。一般汽油分子由 7 至 10 个烃链组成，烃链越短，爆炸性越强，其所能提供的能量也就越强。而植物油分子则一般由 14 至 18 个烃链组成。烃链太长是植物油取代汽油的一个不足之处，但通过一定的方式缩短植物油的烃链是有可能的。而且由于柴油分子是由 15 个烃链组成的，与植物油分子相似，所以，植物油的应用可以先从生物柴油入手。

植物在地球上的储存量高达 2 亿亿吨，而且每年以 1640 亿吨的再生速度更新。就中国这样一个农业大国而言，年平均农业秸秆类物质就超过 7 亿吨。如果能通过生物技术，有效地将其转化为生物产品或生物能源，将大大促进中国农产品深加工业及农业产业化进程，使千千万万农民受益。

除了上面说的用植物油替代石油外，美国一个名叫卡尔文的科学家在巴西发现了一种神奇的橡胶树，只要在这棵树的树干上钻个小洞，就可收获到

巴西的“柴油树”

大量的“柴油”，因而又称之为“柴油树”；澳大利亚有一种“古巴树”，从每棵树上每年可获得约25升燃料油，并且这种油可以直接用在柴油机上而不需特别加工；美洲香槐草是产于美国的一种杂草，它生长在干旱和半干旱地区，从它体内，每公顷土地可以收获约1 600升燃料油。

还有一些藻类现在也是产油热点。这些“油藻”生长繁殖迅速，生存环境范围大，燃料油产量也很高。例如：在淡水中生存的一种丛粒藻，它们简直就是一台产油机，能够直接排出液态燃油。另外一些目前尚未发现有明显经济价值的藻类，我们也可以用它们来做沼气原料，而那些含糖量大的藻类则可以用来生产醇类作为燃料。

总之，通过生物途径生产燃油，不但是扩大生物资源利用的一条最经济的途径，对需要大量进口石油的国家也具有重要战略意义。洁净的新能源——生物汽油，对越来越注重保护生态环境的21世纪来说，实在是一剂“良药”！

月球上的发电站

试着想想，假如某一天全世界都没有了电那我们该如何生活呢？没有电，全世界几乎所有的设备都将无法运行，你可能再也不能在家饮用可口的冰冻饮料，也无法享用香喷喷的蛋糕，更别想看电视、玩电脑……这些看来在平常伸手可得的快乐生活，那时候都成了不可能。

未来的人类月球探索基地

目标锁定月球

虽然上述这些都只是假设，但是不得不引起我们的高度重视，大约 50 年以后，人类目前广泛使用的传统能源如煤、石油和天然气等，都将面临严重短缺的局面。严峻的能源危机已经迫使人类将目光转向浩瀚的宇宙，而地球的近邻月球以其独特的环境、巨大的能源储量，自然就成为了人类寻找地外能源的首选目标。

本来，科学家们一直将开发新的能量源寄希望于太阳能和核能的利用上，然而，浓密的地球大气层导致在地球上利用太阳能有许多不稳定因素，而利用核裂变反应获得电力的方法又往往会产生大量放射性废料，容易造成严重的环境污染。

把发电厂建到月球上去

无法可想的人们偶尔把目光投向月亮，顿时豁然开朗。由于月球表面几乎没有大气层的存在，太阳光可以长驱直入而几乎没什么损耗。可想而知，如果能把这么多的太阳能利用起来，这对于我们人类来说将是多么巨大的一笔能源财富！

通过计算表明：每年照射到月球的太阳光辐射能量大约为 12 万亿千瓦，相当于目前地球上一年消耗各种能源所产生总能量的 2.5 万倍。按照太阳能的能量密度为 1.353 千瓦/平方米计算，假如在月球上使用目前普通的太阳能发电装置，则每平方米太阳能蓄电池储存的电量，可以每小时发电 2.7 千瓦；而如果是采用 1000 平方米的太阳能蓄电池储存电量，则每小时可产生 2700 千瓦的电能。

在月亮上建造太阳能发电厂还有一个好处：因为月球自转的周期恰好与其绕地球公转周期的时间相等，所以月球上的一天相当于地球上的 14 天半，这样也可以获得更多的太阳能源。

科学家们设想：50 年后，通过“月球并联式太阳能发电厂”，地球人就可以获得极其丰富而稳定的太阳能，这不但可以解决未来太空飞船的能源供应问题，而且随着人类空间转换装置技术，和地面接收技术的不断发展与完善，只要在月球上建造大功率的激光或微波发射装置，就可以用激光束或微波束的形式，将这些无穷的能量传送到地球上。然后，在地球上设置多个接收站，把激光束或微波束还原为电能，最后通过电网传送给各家各户。

月球还具有高真空和低重力的特殊条件，在月球上生产的金属工业品不仅具有特殊的强度、超级可塑性，还能提高产品纯度，生产出无瑕疵的单晶硅、光衰减率低的光导纤维，以及纯度特高的生物医疗制品等等。由此可见，月球的确拥有很多丰富的资源等待我们开采，就算50年后地球上的能源全部被用尽，我们也用不着担心了。

重要的“氦-3”元素

月球的土壤中还含有丰富的“氦-3”元素，很多科研人员视氦-3为21世纪的完美能源，它的发电量惊人，又没有污染，而且几乎没有放射性物质，只可惜地球只有大概500千克的氦-3，而大部分还是生产核武器时释放出来的副产品。如果采用氦-3核聚变发电，全世界一年有100吨氦-3就够了，而像航天飞机那么大的一艘飞船，一次就可以从月球运回20吨液化氦-3。

科学家们把氦-3形容是月球的金矿，他们以现在的油价作标准，估计月球上的“氦-3”每吨约值40亿美元，这是一笔巨额财富！利用氦-3元素发出来的电能是安全无污染的，它不仅可用于地面核电站，而且还特别适合宇宙航行。

月球土壤中氦-3的含量估计为715 000吨。从目前的分析看，由于月球的氦-3蕴藏量大，对于未来能源比较紧缺的地球来说，无疑是雪中送炭。许多航天大国已将获取氦-3作为开发月球的重要目标之一。

三、军事武器

“终结者战士”的真面目

还记得由阿诺·施瓦辛格主演的科幻电影《终结者》吗？他在电影里面扮演一位从未来回到现实的机械人。看过这部电影的人肯定不单单只记得施瓦辛格扮演的机械人，一定还会对另外一个角色记忆深刻，那就是总和“施瓦辛格”作对的那位“液体金属机器人”。因为它是由液体金属做成的机器人，所以可变成任何形状，甚至超低温冷冻也仅仅只能使它暂时四分五裂，然而一遇到热，就又会复活。

虽然这只是科幻电影中的情节，和现实还有很大一段距离，但是随着时代的进步，科技不断发展和完善使得这种距离在慢慢缩小，在不远的将来科技和幻想两者一定会完美结合的。

美国不仅在科技方面，而且在军事方面一直也处于世界领先地位。进入到了21世纪初，美国已经迫不及待地拿出了“未来作战系统”，并要在30年内让整支美军脱胎换骨，希望能够在新世纪里继续雄霸天下。

这些全副武装的未来战士，头盔将装上先进的夜视镜，当敌人躲在隐蔽处时，这个装置就会发挥其功能了，它可以帮助战士们更快更准确地发现敌人及其隐藏的位置。

先进的瞄准器

使战士瞄准敌人的准确性大大提高。再通过全球定位系统，即使敌人在1000米之外的距离，只要轻声说句“对准目标开火”，这时手腕上绑着的弹夹就会发射出一颗 15 毫米的“特殊子弹”，这颗子弹已经将敌人牢牢锁定，然后子弹便像手榴弹一样飞向敌人，接着就是爆炸，弹片分别向各方向飞出 30 米，消灭了敌人。战士们的装备还会有通信器材和电脑，这些器材都将提高部队的行动能力，同时也将使他们自身的安全获得更大的保护。看来“终结者”真的离现实越来越近了。

士兵成了“变色龙”

目前美军的军衣加上装备重达 54 千克，设计者希望能把这个重量减到 23 千克，以减少士兵们在战斗过程中的负担。这套军装还可以像计算机一样进行运作，它不但可以根据作战环境的改变而改变颜色，还可以改变其形状和大小。这同时也使得士兵成了半个隐形人，能够“融入”和“消失”在周围环境之中，让“未来战士”就好像变色龙一样。

这种军装的设计还运用了现在最新科技“纳米科技”。依靠这种技术，军装里安装了其他极其微小，可以抵抗化学武器攻击的装置，在士兵受伤时可以自动进行紧急医疗处理；甚至有科学家计划借助这种服装使美兵可以蹦得更高——甚至可以逾越小楼房，就好像我们玩的蹦床，在上面可以自由地弹跳，想跳多高就有多高。

纸片防弹衣很坚固

科学家还设想通过磁场的作用，制造出一种能够在战场上变形、变坚固、而且很轻的护身防弹衣，就像纸片一样薄，但却像钢铁一样坚固。它可以取代现在美国士兵身上穿的重达 24 千克的作战服装。除非士兵自己把战服脱下来，不然的话，没有任何人能够杀死他。目前这种服装只在有科幻片里出现过，但在未来的 10 年中就有可能成为事实。

完美的“未来战斗系统”

美国陆军“未来战斗系统”的主要组成部分是高科技坦克、遥控侦察机和计算机系统，投资数额高达150亿美元，这是美国陆军现代化计划的重要部分。

遥控侦察机将负责为陆军搜索空中和地面目标，以确定敌人方位；新型高科技坦克的重量将比目前的主战坦克轻得多，目的是取代重型的主战坦克和步兵战车；计算机系统将借助3300万条软件指令，把战场上所有的车辆、武器系统、士兵和指挥员的信息一体化，以便部队更好地了解战场实况。

其中高速运作的通讯网，在这个正在研发的“未来作战系统”中是最为关键的设施。战地互联网将把部队中的军人、机械战士以及各类行军作战设备结合起来，在作战、防御、转移时更为迅速。这样就可以提前发现敌人、在敌人反应前做出反应，在敌人行动前进行行动。此外，“未来作战系统”也广泛采取各种装甲防护技术，以提高各类战车的自我保护能力。

装备叛军的新型作战机器人

作战军队 90 小时内就会自动准备就绪

在 20 年后，美国军方会以一个旅作为基本单位来装配“未来作战系统”，一个旅应该会有 2500 名军人、配上 150 个各式机器人，以及 700 个有人和无人操控的设备。这些设备包含各种攻击武器、侦察、通信与指挥系统，以及大量的保障装备，从而将作战、支援与保障等多种功能集成为一体。这个旅级单元再为属下的营、连、排、班组合不同的侦察或攻击配备。

按照军事科学家们的构想，一个旅级单元的所有装备和人员，总体重量应该不会超过一万吨。按照美军目前的输送能力，可在 90 小时内将这样一个军队，运送到全球的任何一个角落。

未来武器“新霸主”

美国人的想象力向来都非常丰富，从他们拍摄的科幻电影，制作的科幻游戏就可以看出来。同时他们也会假想未来战争，并且他们已经开始为这场未来战争做准备了。下一个对手会是谁呢？这个谁也说不清楚，但是美国人的态度很明确：不管是谁，不管它在哪儿，都会被轻而易举地拿下。当然这些“豪言壮语”所倚仗的，就来自于他们正在研发的高科技武器。

新型的电磁轨道炮

30 年后的一天，一艘美国大型驱逐舰搜索到了 300 千米外，一处恐怖分子指挥部的具体位置，不过它并没有发射价值一百万美元的导弹来摧毁目标，而是从炮管的超导电磁轨道中，发射出一枚长约 1 米、重约 20 千克的“另类炮弹”，这种炮弹的动力来源既不是火药，也不是燃料，而是军舰发动机提供的电能。炮弹以超过 7 倍音速的速度脱膛而出，飞出了地球大气层，接着又在卫星的指引下重返大气层，笔直冲向目标，它那令人难以置信的速度，使它拥有足够的威力使目标在瞬间灰飞烟灭。

电磁轨道炮的炮管，由两条长约 6 米的平行轨道组成，之间通过一个光滑的钢管相连，于是电流就可以从一条轨道流出，经过钢管再由另一条轨道流回，这条回路产生磁场推动钢管的转动，进而再推动位于钢管前方的炮弹飞出轨道。这种炮叫做“电磁轨道炮”，它以射程远、成本低、运输补充便利等多项优势被美国国防部寄予厚望。

不过研究工作可能还要持续 20 多年，因为目前还没有哪艘军舰能产生并储存那么多开炮所需的电能。除此之外，由于这种武器设定的距离目标超过了 300 千米，所以这种炮不能像普通火炮一样去瞄准，而需要空气动力学的校正；炮弹到了空中，也必须由卫星的指令，对其行进方向进行修正；同时，炮弹在出膛时的加速度，会达到地球重力加速度的 45000 倍，炮弹上携带的电子器件必须经受得住这种加速度。而这些技术目前还并不成熟。

气泡保护着的超空化鱼雷

30 年后的美国海军还会有一种“秘密武器”——超空化鱼雷。那是一种靠火箭推动，可以包裹在一个与周围海水几乎不存在摩擦力的气泡中，高速潜行的鱼雷，它的出现将改变旧有的潜艇战略。

这种新式鱼雷更加灵活机动，噪音也更低，更不容易被敌人发现。它可以配备常规弹头，也可以配备核弹头，甚至还可以不装弹头，因为发射后，

超空化鱼雷

它200多千克的质量，370千米的时速使它本身就可以对目标造成足够大的破坏力。

发射鱼雷时，会有一股气体从鱼雷头部均匀地喷出，在鱼雷周围形成一个气泡，根据超空化理论，躲在这个大气泡中的鱼雷，行进速度越高，受到海水的阻力也就越小。

目前初步研制出的这种鱼雷已经可以笔直地击中目标，不过如果要让鱼雷拐弯，原本对称的气泡也将变形，这时就需要在鱼雷的另一侧喷出更多的气体。美国海军的官员认为，这种鱼雷的超高速度，将使敌人的潜艇或军舰根本来不及做出反应。虽然美军已经设计出了样品，但要想投入应用至少还需要30年。

一分钟发射百万发子弹的枪

由于活动部件的问题，现在几乎所有类型的枪支都会存在卡壳、走火等隐患，有时这种偶然故障还会造成人员的意外伤亡。

但假如填放在枪管中的子弹，能以每分钟6万发速度射出，那么发生枪支走火的意外就会大大降低，而且还可以更有效地杀伤敌人。

由于需要携带大量弹药，这种高频枪支可能不太适合成为单兵作战的武器，不过它可以装备在战车上，也可以装备在舰艇和直升机上。假如与战斗直升机的雷达相结合，它就会“变成”一台”打印机”，而目标就如同一张纸。当目标被确认后，飞机就能像打印机一般，在一瞬间就把所有的子弹非常精准地打到“白纸”上，或者还能在空中形成一堵强大的火墙，直接击杀来袭导弹。万一导弹仍然能够穿越这堵屏障，构成“火墙”的子弹还可以在0.003秒内重复击发，直至导弹被摧毁为止。同时，这种武器还可以根据不同的目标调整发射速率，使用不同的炮管、不同组合、不同弹药以及不同的发射顺序。

未来的超级航母

航空母舰的出现堪称人类战争史上的奇观，它使传统的海上战争从平面走向立体，从而诞生了真正意义上的现代海战。它还是足以与核武器相比拟的战略性武器，是可以为国家利益做出特殊贡献的“海上霸王”。

但进入21世纪，随着信息技术及导弹、潜艇技术的飞速发展，这个诞生于20世纪的“海上霸王”面临的“杀手”也越来越多，对维护保障的要求也越来越高。航空母舰想要继续在海上保持自己强大的实力，还需要不断创新。

“隐身术探秘”

如果能让航空母舰在战场上来个“隐身术”，是不是就能避免敌方的攻击呢？美国就打算在30年内，在下一代航空母舰身上采用最新的隐身技术。

要想”隐身”，首先就是不能让敌方的雷达发现自己，那么就要减少航母的体积。那时的航母，甲板上层建筑将采取集成化设计，使庞大的舰体明显缩小，重量也大为减轻。舰面设施非常简化，使飞行甲板与航空作业区连成一片，从而最大限度地减小雷达的反射面积；将使用小型、高效的雷达来代替体积较大的旋转雷达天线；舰上的飞机升降机也从4个座位减少成3个座位，减少了一个座位的飞机升降机，将使飞行甲板的总体布局更加简单化。

现代材料学技术的发展，也是“隐身航母”得以建造的保障——在一些关键部位采用吸波材料技术和反雷达材料，减少雷达的反射截面，使敌方雷达看到的航空母舰，就像一般的千吨级货船，进而造成敌方的识别错误；对于航母的水下部位，也尽量多地选用流线型设计，以降低阻力、减少噪声、削弱敌方潜艇的探测效果。例如，通过使用穿浪型球鼻首，使首部顺利破水，从而减少飞溅，这样也为全舰的隐身起到了一定的作用。

全新动力

未来的“隐身航母”还将配备以新式的动力机械——全核电力化，这是信息时代航母高新技术发展的又一大特点。在航母上将会安装有高功率的密度核反应堆；安全的电力变换和调节系统；使用电力驱动的导弹发射和阻拦装置；电子动力装甲、定向能和超高速武器发射器；这样一来，就能够大大减少舰载人员数量和维修、采办的费用。

在信息化发达的今天，如何能在最短的时间内发现敌人，这也将成为航空母舰的标志性技术。新型的航空母舰将具有超一流的信息集成能力，能全方位执行探测任务，把整个编队内外的力量全部联合在一起，并加入“协同作战”技术，使航空母舰的攻防体系更加完备，这样还可以与其他军种部队的各种兵力兵器，实现“互相联系、互相通信、互相操作”。“隐身航母”将成为一个更加高度集成、决策能力强的指挥中心。

当今的核动力航母

航母的主心骨

航空母舰的最大特点之一，就是能装载许多用于空袭敌人的飞机，这也是它的称雄之本，也是航母主要的进攻武器。因此战斗机的先进性将决定“隐身航母”作战能力的高低，否则反过来就会成为制约航母战斗力发展的瓶颈。看来，高新技术的运用也要为“隐身航母”配备专用的战斗机。

目前，美国与英国、澳大利亚、加拿大等12个国家正在共同研制一种具有超音速巡航、机动性好、载弹量大、多用途等特点的F－35战斗机，这样一来就能够提高航母的工作效率；另外，他们还正在开发一种航母舰载无人驾驶飞机。

舰载无人机的体积小、重量轻、成本低、用途广泛，而且可以避免人员伤亡。目前正在研制的一种能垂直起降的“火力侦察兵”舰载无人机，不仅能准确“算出”瞄准数据，还装配有新型雷达传感器，能对广阔的海面进行全方位监视、空中早期预报警、战场实时评估等功能；能够执行支持海陆两栖作战、反潜、救援和攻击任务；甚至还能配合潜艇作战。随着平台技术和机载遥感技术，特别是精确制导武器技术的发展，无人机还将成为发射精确制导武器的理想平台。

在21世纪的战争中，除了“隐身航母”之外，各种隐身兵器将会在战场上大显身手。战场上的“军事魔术师”将会通过看不见、摸不着的隐身兵器，对敌方实施出其不意的打击。届时，战场上对抗也会在扑朔迷离中，变得更加复杂和难以揣测。

四、日常生活

各式各样的智能服装

几乎所有科学发明、科学创新的目的都是本着造福人类、方便生活展开的。同样在几十年后，有了科学家的努力，我们大可不必为了季节更替，准备各式各样的衣服而发愁，除非是单纯为了时尚和新潮。

是风衣也是羽绒服

最近，服装设计师们正在研制一种“智能上衣”。这种“智能”上衣一年四季都能穿，因为它能根据外界的温度变化，自行调节适合人体的温度。

此款“智能”上衣的关键就在于：在衣服的袖子部位安装有一个非常别致的调节器，这个调节器在某种程度上就像一部微型空调，它可以调控穿着衣服时最理想的温度。如果天气突然变冷了，或是刮起了风，“智能”上衣就会自动感应到环境温度的变化，然后便开始往衣服里充气。好让衣服鼓起来，形成一个绝好的保温装置。天气热的时候则恰恰相反，衣服就会自动瘪下去，形成一个绝好的隔热装置。于是，同样一件衣服，就会产生两种截然不同的变化：一会儿是夹克衫，一会儿又是羽绒服。

大衣变成了“氢气球”

另一种有趣的衣服是飘浮在空中的大衣。通常我们会把不穿的外套放到柜子里或是挂在门后；不过，对于这种会漂浮的大衣，人们只要把它随手脱

充满气体的外套

下来就可以不管了。因为这种大衣可以自己悬挂在空中，绝不会掉下来，就好像漂在天上的氢气球一样。

你一定会非常好奇，这种“重力效果”是怎样得到的呢？其实，这种新发明并不需要在物理原理方面花费工夫，道理还是和那件充气上衣差不多，同样是注入气体，不过在这件大衣里注入的是氢气。

学过物理或化学后，你一定知道：氢气是大气中最轻的气体，它标准状况下密度是0.09克/升。因此只要往大衣里注入充足的氢气，大衣就会“获得一种上升力量”，好像氢气球一样飞起来。如果充气非常足的话，不仅它自己能飘起来，还能带着穿衣服的人一起飞起来呢。不过想要飞上天是不太可能的，但可能会使人稍微离开地面。这样一来，如果在恶劣地形上行走，又想保护好脚上的鞋子，依靠这样一件外衣，施展一套“蜻蜓点水”的功夫，跨过水坑或雪堆就容易得多了。

但是，有一个值得我们注意的问题：这种大衣还是必须用衣架挂起来，否则转眼它就会悄悄地“飞”走了。

“大力士”的服装

发明家们还正在为需要特殊照顾的人群研制一种不仅属于“智能型”，而且还是“力量型”的服装。这套服装借助了机械的帮忙，使用了一系列的小马达、活塞和其他一些电力机械。在衣服里，这些小部件将模仿人的关节进行运动，这种新式服装还有一个时髦的名字，叫做“外骨架装”。

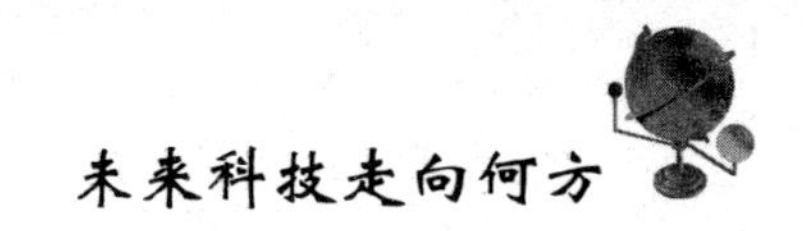

穿上这样一件上衣的人，双臂可以轻易举起几吨重的物体；穿上这样设计的一条长裤，即使是腿部有残疾的人，走路和上下楼完全都不成问题；这些由机械做成的长裤还能让普通人跑得和卡车一样快……看来，以后穿上这种衣服人人都是超人了！

这种衣服的初步设计样已经跃然于纸上了，但发明家们的目标是把“外骨架装”变成能日常穿着的时尚衣服，否则背着一大堆零件重都重死了。如果在10年前要实现这种想法，一定会被人当作是天方夜谭似的神话故事，但现在的纳米技术却正好能支持这种设想成为现实。

小到头发丝一般的马达、活塞、强力金属纤维……让使用者根本不会意识到穿的是一件“盔甲”。借用一句发明家的话说就是：“穿上这种服装会很漂亮、前卫和实用。”

2020年，让我们做好准备，再接受一次服装革命的冲击吧！

小身材大能耐

人们总是用“细如发丝”来形容一些很精细的事物，例如：细如发丝的琴弦；细如发丝的手工面条等等。人的一根头发直径约为 8 万纳米，一纳米等于十亿分之一米，如果将一纳米的物体放到乒乓球上，就好像把一个乒乓球放在地球上一般。

以上的数据是不是很令人吃惊呢？更让人吃惊的是 30 年后，这个世界上将出现一种有史以来最小的汽车，它的全部长度将不会超过 4 纳米，是一根头发直径的两万分之一，仅仅比一个 DNA 链稍微长一点点，可见其精密度之高。

最小的汽车

现在，美国一所大学的科学家，正打算利用有机分子和“球形笼状分子”的特性研制出一种纳米汽车，此款汽车只能在用显微镜才可以看见的金属道路上“行驶”。

很显然，这种超小型的四轮汽车内部不会有豪华的座椅，也不会有常见的一些操作系统，当然，在这种汽车上也不可能会有驾驶员了。但它在未来却可以用来运输各种物质分子，成为“纳米生产”中有用的交通工具。

“纳米车”的奇特构造

就像一辆普通汽车一样，这辆“纳米汽车”由一个底盘和几个轮轴组成。但轮子却是用含有 60 个碳原子的球形纯碳分子制成。该项目刚刚启动的时候，研究小组仅仅在 6 个月里，就已经将底盘和轮轴装配顺利完成。研究小组应用的是一种催化反应来装配底盘和轮轴，安装车轮则是这一催化反应的最后一步。

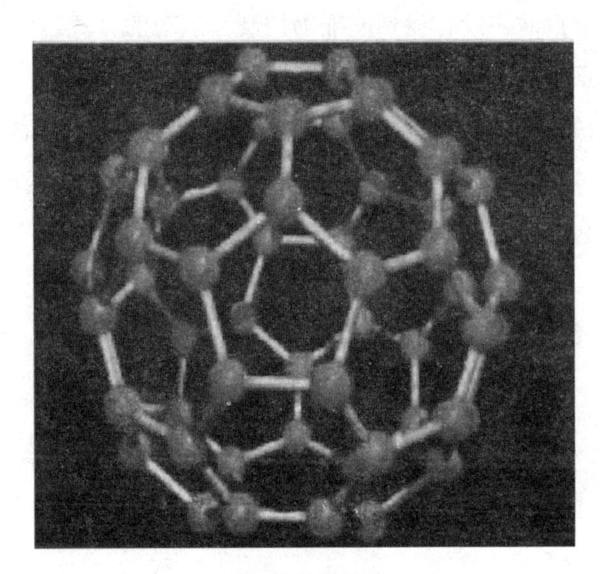

球形的笼状分子

“纳米车”遇热就能自动行驶

在研究过程中，人们发现了一种非常奇特的现象：这种“纳米汽车”在静止状态下表面非常坚固，但是一旦处于 170 摄氏度以上的高温环境下时，它竟能转变性能！放置在专门的金属片上，遇热时就会自动运行。

科学家们为了进一步检验这种现象，于是先用强电磁场将“纳米车”束缚在一个金属片的表面，当温度恰好达到 170℃时，科学家们再去掉电磁场，这时在显微镜下他们看到，“纳米车”就像微型汽车一样自动做着直线运动；当环境温度在 170℃至 225℃之间时，“纳米车”既能直线运动，也能像被人控制的汽车一样，周期性地作转弯曲线运动。直线运动总是按照垂直于车轴的方向来进行，这就说明了纳米汽车的行驶方式是旋转运动，而不是滑行的。

“纳米车”研究成功的重要性

尽管科学家目前还没有找到能准确控制其运动的方式，但“纳米车”一旦问世，也就意味着大规模的“纳米级生产”有望成为可能。科学家们设想，30年后“纳米车”可以被人们用来运输单个的有机分子，生产复杂的材料或药物……大量“纳米车”还可以组成全新的全自动“纳米生产线”，这种由底层一个一个纳米机械组合，生产线将具有极高的生产效率。

科学家科：“这是我们学习如何将纳米生物技术应用于实际生产中的最开始阶段，所有这些进步都意味着一个新的时代即将到来。”

电子纸张显示术

书是人们的良师益友，每个人一生都会读到很多各式各样的书。幼儿时，父母会让我们边看各种图片书边识字；到了该上学的年纪，接触到的书就更多了；参加工作后，书依然是不可或缺的好帮手，现在要求高素质人才，所以还是得靠读书来不断充实自己。

什么东西和书是密不可分的呢？答案当然就是纸了，没有纸，哪来的书呢！不过，随着社会的进步，书的种类也越来越多样化。由于电脑和网络的普及，书籍光盘越来越多，一张光盘就能够容纳上百本的图书，还有网上图书馆等等，看起书来方便了很多，同时也节省了一笔不小的买书开支。

那么，未来的图书还会有什么新变化呢？还是让我们赶快一起去看看吧！

变成现实的科幻小说

曾经有一本科幻小说讲述了这么一个故事：年轻的女主人公有一本神奇的书，这本书不仅可以说话，而且纸上的字体还可以随着故事的情节变化而变化。当主人公读到有关森林的情节时，书上就会出现森林；如果读到各种动物，书上也就会出现活灵活现的各种飞禽走兽……感觉就好像在看电影一样。就在这本小说问世30年之后，这种原本属于科幻的概念，也即将进入到人们的现实生活中，它就是“电子纸张”。

不过，这种电子纸张并不同于现在的电脑屏幕，“电子纸张”显示技术还可以在明亮的阳光下动态地显示文字。想想以后读报纸时，电子报纸还可以

小型的电子图书

读给你听，就像听新闻一样；不管你需要找什么资料，电子报纸都能轻松帮你找到……

目前，很多科技公司都在努力研制“电子纸张显示技术”。近日，一家位于美国马萨诸塞州的“电子墨水”公司就宣布，他们即将开发出一种厚度为25.4厘米的电子纸张显示器。

细小的黑白色颗粒

“电子纸张”的核心技术，靠的是一种悬浮在只有人类头发丝直径大小胶囊中的黑白微粒。这些微粒会对不同极的电流做出反应，负极电流将黑色微粒浮现于纸张表面，从而产生黑颜色，正极则产生白色效果。

我们都知道，液晶显示器就现在而言，已经很薄了。但是，将来的“电子纸张”比现有液晶显示器还要薄很多，它可以做得和普通白纸的厚度一样。而且，电子纸张，比液晶显示器要省电 100 倍，因为它不需要背光的支持，只依靠电流来改变图像而已，也并不用始终保持一个图像。和普通的纸张一样，“电子纸张”还可以反射光线，这一特性可以让它在恶劣的环境下，例如，太阳直射的情况下照样进行工作。

位于美国密歇根州的某电子公司，已经在销售根据这种“电子纸张”原理研制的签名板与留言板了，这种产品可以无线更新讯息。在中央控制室里就能够无线更新整栋大楼的房间门牌号等信息。

“电子纸张”推动互联网

除了便于阅读外，“电子纸张显示技术”还可以推动移动互联网的发展。用“电子纸张”技术作出来的显示器有一个优点，就是跟普通白纸一样，能够随意卷起来。这意味着，显示器的屏幕可以做得很大，而设备可以做得很小。

科研人员说：“从移动互联网的角度上讲，现在的显示器都太小了。因为，我们在看网页的时候总是要不停地移动我们的鼠标。而且现在网页中需要显示的信息量正在快速增加，目前的显示器尺寸在将来会远远跟不上上网浏览的阅读要求。”

人手一份的新科技

你一定会想，这样的显示器岂不是会很贵？这点其实完全用不着担心。因为，电子纸张显示器价格和同等大小液晶显示器的价格相当。

不过，某研究公司的一位分析师就提出了一些问题，他说：“制造商需要对生产‘电子纸张显示器’谨慎。光生产一种产品显然是不够的，还需要建

立一套完整的系统解决方案。”当然，电子纸张或报纸也不可能马上就对传统的印刷报纸造成大的威胁。

到那时，报社可以将电子报纸向订户推广，但他们需要提供其他的内容来源，以便能更加吸引读者。用户可以用它来阅读各种网络日志，杂志或者书籍，而不仅仅是《金融时报》，《先驱论坛报》，《纽约时报》等等这些。对于现在的出版者们而言，需要他们好好考虑一下，如何在未来几年内让“电子纸张”变得更有价值。

未来电视啥模样

从第一台黑白电视机到第一台彩色电视机；从最初大小只有十几寸到后来的几十寸；从原来一大群人围着看一个电视，到现在很多家庭都拥有两台以上的电视，“电视革命”的速度越来越快。不过这些在未来 30 年后可能根本算不上什么，因为目前液晶、等离子、高清晰等电视虽然大行其道，但它们却也存在许多不足。

“等离子”还是“液晶”

有些人称：“等离子电视是过渡产品，性能和技术都不成熟，在不远的将来一定会被液晶电视所淘汰。”科学家们则认为这种观点是错误的，他们还专门分析了二者间的区别。

从技术方面说，“等离子”在对比度、亮度、色彩这三个体现画面质量的项目方面都领先于“液晶”，“等离子“电视画面的流动性和视觉效果也都要强于“液晶”，而在寿命和耗电方面则稍逊色于“液晶”，成为其致命弱点。

至于到底哪种产品会真正掌握住未来的市场，现在还很难看出来。专家们认为，看谁能在市场上掌握未来，关键在于谁更适合于市场、适合于消费者；还有就是谁能率先提高自己的技术了。

未来电视好像一块布

管他什么“等离子”还是“液晶”，现在电视机的体型实在是太庞大了，如果哪天想要挪个地方，搬起来非常费劲。那么有没有想过，未来电视机不是摆在桌子上，也不是挂在墙上，而是用“贴”的方式，把电视贴在墙上呢？这种最新产品已经在实验室里亮相了，目前最先进的技术是可以卷曲的显示屏。等到技术成熟后，我们可以将电视一卷，放进背包带在身上出去旅行。不管走到哪里，想看的时候把它拿出来，展开就可以了。当然，这种电视同样也可以做得很大。好像壁纸一样贴在墙上。或者干脆把它做成窗帘，放下来之后，窗帘就成了一个大型电视。

不过，我们干吗非要把电视做得那么大呢？干脆做成眼镜就好了！实际上真的已经有科学家在做这样的研究了。这样一来，展现在我们眼前的就不再是有多少寸的屏幕了，而是随意大小的立体电影。这个技术绝不是什么科学幻想，这种眼镜还可以随着你转动脑袋的动作，而改变眼前的场景，实现身临其境的感觉。不过至于习惯不习惯还要看个人了。

看电视闻气味

每次看到电视台播放旅游节目时，当看到美丽的风景、鲜艳的花朵时我们总会想：要是能身临其境就好了。当然，电视毕竟不是时空转换机，它还不能把观众一下子就传送到地球的另一端，但30年后，通过电视节目，我们却能够同时闻到节目里那些鲜艳花朵的扑鼻香味呢！

目前美国科学家正在秘密研制一种独一无二的新型电视——“气味电视”。这种新型电视的最大特点是，观众通过收看屏幕上播放的某些电视节目时，可以身临其境地感受到剧情中的气味甚至是触觉。据说，此研究项目的初期阶段预计将耗时5年，目前仍处于保密阶段。

“气味电视”的工作原理也很独特：它是通过一个安装在机箱内的发射装置，发射出一种对人体无害的超声波，刺激并作用于观众大脑，引起后者唤醒对于眼前景象的“感官体验“。

其实这种电视应该被称为“生物电视”最合适不过。因为大家都知道，我们之所以能够闻到、感觉到各种味道是由于我们大脑中一个专门识别气味的区域，受到了相应刺激所产生的结果。科学家们正是利用了人类大脑的这一特点，为我们30年后的家庭生活增添了更多的乐趣。

未来的电视种类还真不少。你更喜欢哪种呢？

这是一台等离子彩电

汽车上的新技术

历史上的第一辆汽车于1886年问世，当时它只有3个轮子，完全不同于现在的汽车。以现在的标准来看，这辆汽车十分简陋：木制的车身、车架和车轮；没有车灯、刹车系统、驾驶室和方向盘，只有一个类似自行车把的转向器；发动机工作时震动厉害、噪音大，汽车行驶时，尖锐刺耳的声音常让行人失色、马儿受惊；坐在汽车上，除了新奇之外，毫无舒适之感；由于汽车传递动力的链条经常会裂开，因而当时在汽车经过的主要道路上，人们经常看见的是人推车而不是人坐车。如今，它作为汽车文明的发展见证，被陈列在汽车发源地，德国斯图加特市的奔驰汽车博物馆内。

但现在，各种各样的汽车已是最常见的交通工具了。它们造型美观、安全系数高、操作简单方便、省油省力。那么，汽车在未来又会有哪些新发展呢？下面的介绍会告诉你答案！

变换颜色的油漆

我们都知道现在大多数汽车的外壳是用钢材制造而成的，但钢材又是很容易生锈的物质，所以必须在上面喷一层特殊的油漆。这种油漆一方面可以防止生锈；一方面又可以使汽车外观更加显得光鲜亮丽。近日，德国涂料专家就向人们展示了未来汽车喷漆的新功能：新型油漆是可以变换颜色的。

未来的汽车涂料可以根据车外天气的温度、湿度变换各种适合的颜色。例如：在黄昏或是有雾的天气里，这种涂料就会发出红色、黄色、绿色等明亮的色彩，使汽车更加醒目，行车也更加安全。因为昏暗的天气会严重影响

世界上第一辆汽车

路上行人的视觉效果，导致一些交通事故的发生。德国斯图加特“颜料和涂料研究所”预测，10 到 15 年后，这种技术将在汽车制造行业得到广泛应用。

神奇的鲨鱼皮涂料

此外，德国油漆工业联合会还向人们介绍了一种崭新的模仿鲨鱼皮肤的砂纸状涂料。经过科学家们的研究表明，非常光滑的表面在气流和水流中并不是最佳选择，而像鲨鱼那样有细微颗粒的皮肤实际上更有利于在水中滑行。

鲨鱼尽管一生都生活在海底，但它们身上从不会黏附着植物，而其他大型海洋生物则不同——鲸鱼身上就很容易被附上许多海洋生物。通过仔细研究鲨鱼的皮肤结构，科学家发现鲨鱼的皮肤具有其他一些鱼类都没有的特征：鱼鳞呈盾状、表皮非常粗糙、皮肤的分子结构呈矩形排列、表面有许多鬃毛和微小的突起。科学家们便决定模仿这种结构，生产出新的汽车外层涂料。新的涂层采用与鲨鱼鱼鳞相似的结构，能内外双向弯曲，还能阻止灰尘的附着。新改进的涂层不仅能实现环保要求，还能提高燃油效率，提高车速。由于这样的涂层应该比光滑的涂层更符合空气动力学原理，研究人员还希望未来能在汽车、轮船和飞机上都涂上这样“粗糙”的表层，可以减少空气中的阻力，从而达到节省燃料的目的。

未来汽车崇尚“瘦身”

“减肥瘦身”可是现代人的口头禅，几乎所有的人都成天嚷嚷着要减肥。不过令人想不到的是，这也将是未来汽车发展的最新走向。科学家们普遍看好汽车“减肥”的巨大潜力，甚至预言“轻量化将引发一场新的汽车革命”，这又是为什么呢？

为了追求安全，以往汽车的骨架及主要零部件都是用传统钢材料制成，因为在以往所有可用材料中，只有钢铁最结实，所以全球各类汽车的平均重量一般都在1.2吨到1.4吨之间。但如今，各类新型材料层出不穷，这些材料大都又轻又结实，于是科学家们考虑是否能将其中的一些作为新型轻量化汽车的“骨骼”进行开发。

以“新型塑料性钢材料”为例，用它制成的新型汽车骨架可减轻重量20%，但强度却得到了提高。此外，一些由工程塑料制成的保险杠、发动机舱盖、行李箱盖，以及由镁合金制成的车轮，都能让车身“轻盈”不少。

和人不一样，汽车“减肥”并非为了苗条身段，而是一种节能降耗的手段。据了解，若全部改用轻量化的新材料，汽车的耗油量大约能降低15%到20%，噪音也能相应降低2个分贝。汽车“骨头”轻了，其安全性会不会也跟着减轻呢？当然不会，因为同等重量下，新型材料的承重量是传统钢材的好几倍。换句话说，抵御同样大小的冲击力，所需的新型材料要比传统钢板薄得多，重量当然就轻了。

目前，开发商已将镁合金车架应用到了一些车型上，分别使车身重量减少了15.3%和6.2%。即将大行其道的，以混合动力为代表的新能源汽车也将拥有不超过100千克的新型轻质“骨骼”，体重将比现在减轻1/4。可以说，汽车“减肥瘦身”初步成功了。

逛逛上海世博会

在2005年日本爱知县举办的世界博览会上，新技术和新概念成了最抢眼的看点。但是，爱知世博会对人们传递的信息是：未来人类与地球和谐共处的生活方式，并不一定都需要先进的技术，更多的时候需要的是一种意识与责任。

“人的海洋”

2005年12月3日是一个值得欢庆的日子，那天上海申办2010年世博会成功。预计到时，总客流将达到7 000万，每天大约会有40万的游客在5.28平方千米的世博园里参观，真可谓是“人的海洋”。

专家们估计，上海世博会的高峰时段，每小时就有16万人从全市各处蜂拥而至，还不算其他地方来的游客。但是，规定的参观人数为每小时20万到25万，这已经大大超过了人数限制的范围。其中人数超过标准的会有33天，极端高峰的每天客流量达到28万之多。由于人数太多，导致入口处拥挤不堪，安全检查、门票检查所消耗的时间更会阻碍游客们入场的速度。

那么，到时这个问题该怎么解决呢？专家们建议在入口处的设计上，除了要考虑人流量的聚集，排队时的空间大小以外，还要保留出一定的缓冲空间。假如发生意外事故时，它将作为紧急疏散的通道。如此巨大的人流量，对于城市交通来说将是严峻的考验，那么，世博会的交通问题又该如何解决呢？

上海世博园规划图

最近，上海城市发展信息中心透露：未来的5年里，上海市将以智能化的交通作为基础，并建立智能交通信息服务中心，希望能在2010年的世博会上形成一道独特的风景线。

智能车带你游上海

智能交通研究中心给出了我们这样一个方案：世博会期间，中心城区的交通问题主要是集中在离世博园最近的黄浦区，该区的人口密度为上海各区县之最。世博会庞大的客流量将使黄浦区交通不堪重负，由于土地资源紧张，单靠拓宽道路这一方法，无法完全解决问题，经过专家们的研究，如果采用国际上流行的新型交通工具——个人快速公交，把人们放到“空中”，就可以缓解交通带来的压力。

这种先进、快捷的快速公交系统，是建在空中轨道上的，时速30至90千米，完全由计算机全程操控。功能就好像现在的轨道电车一样。由于车身小，每车只能容纳三四名乘客，可以更好地保证游客的私人空间，轮椅、自

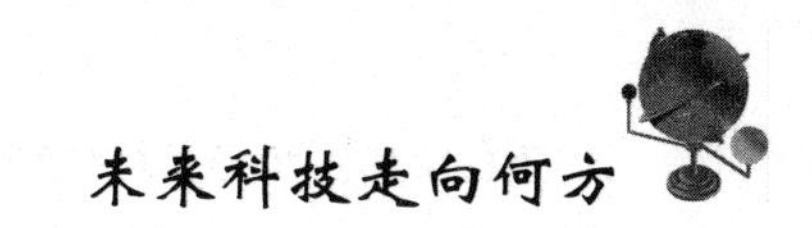

行车、行李也能自由上下。最重要的是该智能车的建设和运营成本均低于地铁、公交等，也很容易搭建、改变线路和扩延。

另外，如何迅速找到适合的停车位，也是个难题。因为停车位实在太多，哪里有空位置，根本无法一目了然。

一套世博会的停车指引系统也将开始启动。这套系统由停车场管理和信息发布两大平台共同组成，从通往世博园的交通主干道，到各停车场入口处，驾驶员都能看到“引导显示屏”。聪明的系统还将通过短信、广播、车载导航设备等等，给游客们及时的停车空位预报。

虽说这种交通系统在世博会的展区里是看不到的，但其新型的设计理念与技术却又是世博会体现科学精神的另一种手段。

灯泡的未来

电灯在人们的日常生活中极为普遍，我们都知道电灯的核心是灯泡，失去了灯泡的电灯只是一个毫无用处的空壳。让我们回顾一下历史：那些点着蜡烛、煤油灯的年代——在100多年前，电灯的发明成为了颠覆时代的新鲜事物。

俗话说，“长江后浪推前浪，青出于蓝而胜于蓝。”随着时间的推移，在可以预见的未来，电灯恐怕也要面临“失业”的危机了。取而代之的，将是会发光的桌子、墙壁、甚至有可能只是一把小叉子。试着想象一下，当你晚上回到家时，即使不开灯，家里也是亮堂堂的，是不是很让人激动呢?

涂料发挥大作用

实践之中出真理，而这次出现的却是“涂料”。美国范德比尔特大学的一位研究生，在一次实验中偶然发现了一种混合“涂料”，把它涂在能发光的灯泡或其他能发光的物体上后，原本应该发出蓝色光源的灯泡，却发出了像普通日光灯管那样的白光。

这一新发现很可能革命性地将照明物的概念延伸到灯泡之外。因为只要涂上这种“涂料”，无论是哪一种物体，都能够充分代替灯泡，发挥照明的作用。这就意味着，从爱迪生发明电灯以来的灯泡照明时代，将可能马上走到尽头了。未来，“电灯”一词恐怕只能在历史书籍里才能找到了。

偶然发现的“神奇涂料”

迈克尔·鲍尔斯是范德比尔特大学的一名研究生。这种神奇的混合“涂料”的发明，就来源于他在一次实验中的偶然发现。在那次的实验中，鲍尔斯原本只是想制造出一种体积非常微小的量子点，尺寸大约为几纳米，还不到一根头发丝的千分之一。

量子点最大的特点是可以产生出多种颜色的光，光的颜色取决于量子点的尺寸大小。鲍尔斯制造的量子点则比普通量子点还要小，只含有 33 到 34 对原子。如果用光线照射量子点，或是给它们通上电后，量子点就会活跃起来，发出各种颜色的明亮光线。但是当鲍尔斯用激光照射他的量子点时，意想不到的事情发生了：“当一束白色的光线笼罩桌子时，我不由惊讶起来，”鲍尔斯回忆说：“这些量子点本来应该发出蓝色的光，但是它们现在却发出了如同太阳一样的白光。”

之后，研究人员在鲍尔斯的发现基础上又研制出了可以产生超过 12 种颜色荧光的量子点。而且，理论上讲还可以产生出更多的颜色。这样，当某个长度的激光，对多种量子点进行照射激发时，就可以同时观察到多个颜色，并同时进行多个测量。

正在做科学实验的爱迪生

“神奇涂料”比普通灯泡更亮

由于这一意外的发现，鲍尔斯和另外一名学生，随即便萌发出了一个新想法。他们把这种量子点与一种名为“聚氨酯”的树脂混合，然后将混合物涂在一只发蓝色光的灯管上，它马上就发出了白色的光。

这种白光并不是由原本应该发出的蓝光经过转换后形成的白光，而是像普通日光灯管发出的柔和、白色的灯光。如果与60瓦标准日光灯管相比较，涂上“神奇涂料”的灯管光线比前者明亮度大约高出两倍，照明时间也延长大约50倍。

光明的全新日子

科学家们认为量子点混合“涂料”的发明，将使现在各个领域发光二极管的运用步入一个全新的时代。

与60瓦的标准灯管相比，发光二极管发出的光线更为明亮，照明时间也更长，能连续发光5万个时，而且不容易被损坏；另外，发光二极管不发热，因此也更加节约能源。美国能源部估计，如果全部使用这种“神奇涂料”配合发光二极管照明，到2025年时，美国用于照明的能源消耗将比现在下降29%。

目前而言，量子点要大规模应用还需要解决一些问题，这些问题主要和量子点表面物质的化学特性有关。因为量子点的表层必须具备抗氧化、能够在细胞内部一定的盐浓度下保持稳定。同时，虽然量子点的多样性给研究带了便利，但是，也造成了一定程度的麻烦，也就是多种量子点的表面不一定能够和所有研究对象的表面完全粘合。所以，科学家们还需要努力寻找一种可以适用于各种研究对象的量子点，才能实现“明亮世界”的梦想。

听着玩的篮球

大家都知道NBA的“小巨人”姚明吧？那可是篮球界中国人的骄傲，看他在场上打球可真是一种享受。人人都想像姚明一样在球场上得心应手地打一场好球，可是有没有想过这样一个问题：对正常人而言，玩篮球是件再平常不过的事情了，可是那些看不见东西的人呢？同样也热爱篮球运动的他们，是否永远就只能在一旁听着我们的欢呼声和欢笑声，却无法加入其中？

可以听着玩的篮球

盲人难道真的无法玩篮球吗？以前或许是的，但是现在伴随着一个新发明的产生，失明的篮球爱好者们30年内就能够实现他们的梦想了。

这项新发明是由美国马里兰州，约翰·霍普金斯大学3名工程学的学生联手设计完成的。其中两人，艾丽萨·伯克霍尔德和阿珊娜·兰德尔还是该校女子篮球队的队员。这或许是促使她们构思这个新发明的重要原因之一。设计小组还有另外一名成员是主修机械工程学的史蒂夫·加伯。

盲人专用篮球的设计原理

其实这个新的科技装置设计原理非常简单，就是利用盲人相对比较发达的听觉，在篮球内部装上一种发声系统，这样盲人就能通过这种发声系统发出的声音，并依靠自己的听觉来感知到篮球的具体位置。除了在篮球的内部安装发声装置以外，在篮球架的篮板上安装声音发射器也是必不可少的。

篮板上安装的声音系统里有一个9伏特的电池，靠这块电池提供电力，然后产生巨大的“电压”，最后促使发射器向球场发出声音，这种声音是一种脉冲音。就像我们打电话时，挂断电话之后的嘟嘟声一样。另外，由5个3伏特的纽扣电池，提供动力的小型声音发射器，将被植入到篮球的内部。这样，篮球在运动中就能发出连续不断的音调。设计小组成员之一的兰德尔还表示：“我们发现要在篮球里放入这个装置是一件非常困难的事情，因为这要求我们既不能改变篮球的特性，又要让篮球可以发出声音。装置的重量是需要考虑的问题之一，如果太重了，篮球将无法正常地弹跳和滚动。”

为了解决这个问题，大学生们把目光投向了世界著名的篮球品牌——斯伯丁的充气篮球，这种篮球的内部有一个密封的空心圆柱体，里面装有一个小型气泵。这种内置小型气泵的作用是在没有气筒的情况下可以自行打气，是斯伯丁公司的最新产品。斯伯丁公司专门给他们提供了5个内部有空心圆柱体，却没有放置那种小型气泵的篮球。于是电池、声音装置和特别设计的袖珍扬声器就可以被放置到篮球里。这样，新型篮球既不会失去它弹跳和滚动的特性，又可以发出声音了。

新式篮球的三位发明者

足球、排球也能如法炮制

也对于此项发明，几乎全世界爱好运动的盲人、关心盲人的人士，甚至于幼儿教育工作者们也都纷纷表示欢迎：“全球各地有很多人都在等待着这样的发明装置问世。一些盲人运动员希望拥有一个能听得见的篮球；一些学龄儿童也可以通过玩球来提高手的协调能力；另外，如果有一个人在身边照看，就连失明的小孩子也能体会到玩球所带来的乐趣了。”

尽管目前制作出来的模型并不是很理想，在声音方面还需要做进一步调整，以便让音调听起来更舒服，同时使用效果也会更好；另外，大学生们也希望把该产品技术介绍给众多的运动装备制造商，他们希望以后专门为盲人体育爱好者们准备的足球和排球也能如法炮制。

这项新的发明可能在技术含量上比不了21世纪的太空技术、生命技术，但它的出现将足以使世界几千万人找到曾经失去的欢乐，让他们也能和我们一样能真切地体会到运动的乐趣，使生活充满阳光。我们期待着30年后，篮球场上会有更多的伙伴、更多的“小巨人”。

完美的未来公路

从一百多年前汽车发明，到现在21世纪，越来越多各式各样的汽车、摩托车在马路上穿梭着，马路也因此变得越来越拥挤，堵车成了家常便饭，尤其是上下班的高峰期，堵车一两个小时也不是什么稀奇事。

如果说堵车让人难以忍受的话，那么逐年不断上升的交通事故，却是让人不得不面对的。在车多人多的今天，各种原因导致的交通事故频频发生，仅2005年上半年，全中国就有4.6万人死于交通意外。

那么在美国——“行驶在车轮上的国家”，那里的交通情况又是如何呢?

”在某条公路上一辆接一辆的汽车，正以每小时193千米的速度从纽约向华盛顿飞速行驶，以这样的速度整个路途只需要2个小时就够了。”美国目前对汽车的最高时速限制为每小时88千米。可是这么快的速度，难道这些司机不怕发生交通事故吗？而且他们甚至可以一边开车，一边上网玩游戏或是游览喜爱的网站!

开车不再需要“一心一意”

以上描述绝不是科幻电影情节，过不了多久，人们就能像这样开车，因为在30年后，一种全智能化的公路即将出现！从来没想过，平凡无奇的公路竟然也能成为高新科技的宠儿。

到那时，这种智能公路技术将能够胜任所有的驾驶工作，司机朋友们不用再担心会出什么交通事故了。这主要是由于有许多安装在智能化公路上的传感器，通过与网络卫星相连接，来控制装在汽车上的“撞车探测计算机”。

现今拥挤的公路交通

美国的大学和一些汽车公司还为此联合创办了实验室，专门研究如何预防交通事故的产生，研究人员介绍说："随着这种科技的不断完善，我们能够取得的进步将不可估量，汽车将变成一个个全球网络上的小圆点，它们不断地从网络上获取信息，同时也向全球网络反馈信息。"

新科技赛车场上显神威

美国目前一般的公路，每小时只能容纳2000辆车同时行驶，但是如果实现了交通网络和自动化，这一数字将猛增到6 000辆之多。而且未来的一对一网络还能监控每辆车的位置与速度。运用此技术，不仅能大大缩短每辆车花在路上的时间，而且能够大幅度提高人们的工作效率。

目前，这些交通网络技术中的一些成果，已经投入到了实地测试的过程中。专业的赛车手们已经在全球各地的赛车道上进行了亲身体验。某汽车公司的赛车队就是在这种先进网络的帮助下，在24小时耐力赛中包揽了冠亚军。比赛中，车队维修人员通过网络反馈回来的赛车驾驶室视频，以及无线技术监测，分析了赛车所遇到的问题，维修人员提前做好准备，使赛车手在到达维修站时能够及时得到相应的帮助。用不了多久，这种技术就将“延伸到赛车跑道之外，改善普通公路上的驾驶安全问题。”

另外，2004年美国开始实施的一个智能化公路计划，也展示了一种基于传感器的交通管理系统。这个计划中的其中一项，就是让救护车通过对交通红绿灯的控制，来让自己在最短时间内通过情况复杂的十字路口。救护车可以通过车上的电脑，远在几个街区外就设定好将要通过的十字路口红绿灯开合，以争取到更多的抢救时间。这一设计十分富有新意，令人印象深刻。

未来的公路还将结合一系列的新技术，例如：视频与数据传输。这样还能使技术成本下降，同时性能得到提升等等。

其实这些基于计算机以及卫星设备的技术有很多在20世纪80年代就已经开始投入到应用中了，毫无疑问在新的世纪里，它们将越来越完善，尤其是无线通讯、数据收集、媒体以及图形传输等等方面的进步，降低了成本，而且这些技术更容易掌握。

氢燃料电池车

假如以后买一辆汽车，它使用的燃料不仅很便宜，而且还可以“取之不尽，用之不竭”；排放的气体里没有任何有害物质；排气管里排出的水甚至可以直接饮用……这可是多少人梦寐以求的事呀！

未来的新燃料

全球的环境科学家们一直都在寻找一种既便宜又没有污染的能源，氢正是科学家们最看好的原料。最近，氢燃料电池动力系统的开发受到了上至各国政府机关，下到普通百姓的很大关注，被认为是21世纪的新能源典范。的确，氢燃料有很多让人乐观的特点：排放无污染，能源效率高；相对于石油、煤炭和天然气等化石燃料而言，氢燃料的确是取之不尽、用之不竭的。另外，航天技术上的应用为汽车氢燃料的开发提供了宝贵的经验。

目前，世界各国汽车厂商都在加紧研制以氢为能源的燃料电池车，这是迎接氢能时代到来的前奏曲，这不仅是现在的热点，而且将会成为今后人类能源的永恒主题。中国科学家们也及时地抓住这一机会，以新能源、新动力燃料电池为突破点，分别在北京、上海等地研制开发氢燃料电池车。

你一定会问，用什么方法才能得到这些氢原料呢？其实最容易和最干净的方式就是电解水：先把电极棒插入到水中，通电后，氢气就会从电极棒的负极涌出，而正极则产生氧气。不过目前电解水的经济性和清洁性还有一定的局限，至少在当今大部分地区是如此。因此，在美国，现在每年提炼的900

万吨氢气中，95%是用加热法从甲烷中分离氢原子的，但这种方法同时产生了大量二氧化碳，就像烧煤和其他碳氢化合物一样。这也正是将来急需解决的首要技术问题。

氢燃料电池车的制造原理和优点

氢燃料电池车的工作过程不涉及燃烧，也没有机械损耗。比起蒸汽机、内燃机等能量转换效率高得多。一些汽车公司经过实验得出结论：汽油车的工作效率从油箱到车轮为16%，而氢燃料电池车则为60%，效率提高将近四倍。另外，氢燃料电池车很少需要维修，因为氢气里没有腐蚀性的杂质，也没有碳阻塞燃烧室，没必要老去修理厂保养和维修，又为车主节省了一大笔开支。

30年后，当我们购买一辆氢燃料电池车时，我们还会发现这种车没有传统的发动机、变速箱和机械传动装置，只是在车身里安装了由氢燃料罐和电

一辆普通汽车的内部构造

池组成的新型驱动装置。4 台发电机分别由电脑控制，驱动连接 4 个车轮。如果装有卫星定位系统的话，驾驶起来会很方便，甚至在停车的时候，可以像螃蟹一样横行，只需要很小的地方就能自如停放。由于氢燃料电池车的主要部件都在车身里，到那时我们实际上就是买个车身而已，车主只要换上自己喜欢的外壳，就能随意组成各种各样的车型，方便得就像换一件外衣一样简单。

另外，氢燃料车也比传统的汽油车安全得多，即使在失火的情况下也便于逃生。汽油车如果发生事故或遇火，油箱就会发生爆炸，汽油产生的热量和毒气都会致人死命。而氢燃料车在猛烈的撞击下，甚至储存氢气的罐子破裂都不会引起大火，如果撞击后氢燃料外溢，它只会蒸发到空气中，不会产生任何污染；它也绝不会爆炸（氢气只有与氧气或空气在密闭的空间里混合后才会引起爆炸）。

30 年后的汽车市场

汽车巨头戴姆勒—克莱斯勒公司已经宣布，他们将于 2042 年正式大量销售以氢气为动力的燃料电池汽车。该公司介绍说，他们的 60 辆“奔驰 A 级”氢燃料电池汽车正分别在美国、日本、德国和新加坡进行试验，目前试验进展顺利。

不过，有关专家认为，氢燃料电池汽车商业化仍有不少技术障碍，目前氢燃料电池车至少有三大困难要克服。

成本的问题。一般来说，仅燃料电池堆的成本就在每千瓦 2000 至 5000 美元左右。也就是说，要制造一个功率为 100 千瓦的氢燃料电池组，就要 20 到 50 万美元，这显然是非常不经济实惠的。

氢的储存问题。由于氢在常温常压下为气态，因此在车上如何携带氢也就成为一大难题。目前，常用的办法是将氢加压 700 千克，变成液态，用耐高压的复合材料瓶储存。

加氢站等基础设施缺乏。如果以后的汽车都采用氢气为燃料，那么加氢站就显得尤为重要了。这是困扰氢燃料电池汽车真正商业化的一个大问题。目前，通用汽车公司就与壳牌润滑油公司合作，计划建立 12 家加氢站进行试运行。同时，一些汽车公司还提出对现有油箱进行重整，以产生氢，而在每辆车上仅加一个小型汽油重整装置的过渡办法。

解决了以上这些问题，30 年后满大街跑着的可能都会是新型氢燃料电池车了。

未来超市欢迎你

超市是大家再熟悉不过的地方了，据说世界上第一家超市是1952年首先在美国诞生的。开张那天人们尚不知超市为何物，纷纷抱着好奇的心态前往光顾，并把逛超市作为一种时尚。但过不多久，人们逐渐尝到了超市便利的甜头，上超市购物便成为人们日常的一种需要。此后，超市像雨后春笋似地遍布全球。现在除了传统意义上的超市之外，网上超市、电话超市等各种形式的新型超市也开始走进了人们的日常生活，但30年后可能又会有另一种超市激起你更大的购物欲望，这究竟会是什么样的一座超市呢？现在就让我们来设想一下：时间一下子跨到了2035年的一个周末，今天你打算去超市买点什么，于是信步来到了小区里新开的一家超市门口……

超时尚购物之旅

当你一走近这家超市的门前，墙上一面巨大的液晶显示屏，不停滚动着的商品广告立刻就会让你感到眼花缭乱：欢迎来到“未来超市”！

在这家“未来超市”里，顾客不再是个默默无闻的购买者。因为当你走到超市的大门口时，马上就会有店员向你询问一些必要的购物及个人信息，例如你的性别、年龄、银行账号等等，然后他会把这些信息输入到一台安装微型手提电脑的购物车里，这其实就是一台只属于你的“个人导购机”。通过无线电装置与超市的主控电脑相连接，在今天的购物过程中，它将全程陪同你，并提供相应的服务。一切准备完毕，就可以开始愉快的“购物之旅”了。

当今超市中的一些自动设备

“导购机”会根据超市各种货架的不同布局，按照你的购物计划设计出最短的购物路线，把你带到每一个货架前面。

你的计划之一：今晚做菜需要干酪，“导购机”马上就会带你来到冷冻保鲜食品柜台前。根据事先输入的个人信息，它会做出适合你身体营养需要的建议——它仔细帮你挑选了一款产自法国的干酪。然后你可以用“导购机”上的扫描仪扫一下干酪包装上的条形码。“导购机”的屏幕马上就会显示出这款干酪的价格、名称和产地。而且你只要在“导购机”的触摸屏上输入所需要的干酪数量，总价就会自动算出来。如果需要的话，就连发票也可以立即打印出来。

在超市里还有随处可见的电脑信息查询屏。虽然这并没有什么新鲜的，现在很多超市里面都有，不过功能却增加了很多，例如：把一瓶葡萄酒的条形码扫进其中一台查询器，结果不但能了解到这瓶葡萄酒的原产地，还可以知道用餐时，它更适合与哪些菜肴来搭配，以及柜台上同一系列其他葡萄酒的名称、价格与产地。而目前超市里的查询机只能查询商品的价格。

购物更轻松管理更简单

超市用上高科技产品，轻松的可不仅仅只是购物者，同时也能让超市的管理变得更为简单，效率也更高。由于每一台“个人导购机”都与主控电脑相连，于是，超市的管理员完全可以时刻了解每一个柜台的供货情况。

当商品被顾客从货架上取走时，感应器就会自动读出它的数据，然后通知主控电脑，使管理人员可以随时补充货源，这也为订货提供了准确的数据。

你一定有过这样的经验：好不容易买完了所有的东西，结果走到收款处，却发现每个收款机前都摆起了长龙阵，没办法只有慢慢等吧。不过在“未来超市”里，你永远见不到为等候结账而排起的长队，顾客只需在“导购机”的屏幕上找到显示有结账字样的触摸键，然后用手指轻轻一按，便万事大吉了，真是轻松又方便，因为“导购机”已经事先把你的银行账号传到结账电脑里去了。

“方便享受生活乐趣”——这也许将会是30年以后最流行的一种生活态度。届时，“未来超市”将会最大程度地满足人们的这种要求。

未来厨房帮你忙

“衣食住行”在人类生活中是必不可少的，也是密不可分的。其中，“食”可是任何事物都赖以生存的根本，没有吃的谁也活不了，但现在人对“食”的要求也越来越高了，“食”不再只是为了填饱肚子，而更多是成了一种文化、一种享受。

下面让我们一起来看看，烹饪出美味佳肴的厨房又有哪些新变化呢？

厨房在30年后帮你买菜做饭

未来的厨房将充分利用发达的电脑网络，给人们提供极大的方便。到时，人们只需通过与厨房各个电器内部电脑相连的网络，就可以轻松查看所在社区内的全部超市或菜市场出售的蔬菜、肉类、鸡蛋水果和其他食品的相关信息。挑选好合适的商品后，在网上进行订购，然后你只要在家舒舒服服等着商店送货上门就行了。

辛苦的上班族们，再也不用为下班还要赶回家做饭而发愁了。大家可以在上班前将事先准备好的原材料放入电饭锅、微波炉或烤箱里，到快下班的时候，通过办公室里电脑网络进行远程遥控，将这些电器打开，同时选择菜单功能，按照家人喜欢的口味和方式制定好程序就OK了。做饭的全过程都由电脑来控制，下班回家后马上就能吃到香喷喷的饭菜了。大家还可以使厨房家电通过网络下载菜单，让“智能电炉”自动根据这份菜单做出可口的饭菜，使烹调更加简单方便。

冰箱能告诉你食物何时变质

未来的网络化厨房里还配备有智能化的冰箱，它会告诉你：有什么食品储存在冰箱里，哪些存放的时间过长，需要及时处理。牛奶放在冰箱里已经有段日子了，这时候冰箱就会自动提醒你牛奶的保质期就要到了，让你赶快喝掉以免造成浪费；冰箱门上装有电脑、条形码扫描仪和显示器，它能提供食物保存、处理和制作的正确方法，让你以最安全最健康的方法处理食物；冰箱上还装有电视机和收音机，人们可以在厨房里，一边做饭一边看电视或听音乐，也可以通过与冰箱连接的摄像机，监视厨房门外的情况和孩子们的安全；冰箱还能提供大量的各式菜谱，只要按照菜谱烹调，美味佳肴便能摆上桌。

美国的麻省理工学院就有一个专门设计厨房用品的研究中心——“智能厨具研究室”，在那里，研究人员正试图让厨房设施变得更加实用：所有的厨房里都会有各种塑料容器，在这些容器的盖子上添加一个传感器，就可以探测到里面装了什么食物。它还可以综合考虑由于温度等因素的影响，自动以倒计时的方式显示再过多长时间容器内的食物就会变质——把放有食物的容器放到冰箱里，倒计时的速度就会很慢；如果把该容器放在冰箱外面，倒计时的速度就会变得很快。

自己动手做餐具

30 年后，厨房的空间可能依然是有限，可是摆放的物品却可以是无限的，因为，可重复使用、具有可溶解性的塑料薄片可以节省大约 1/3 的厨房使用空间。

智能厨具研究室的研究人员解释说，这个薄片就好比是一个可变型模具，由于有很强的可塑性，它可以变成你所需要的各种餐具。在准备吃饭时，你

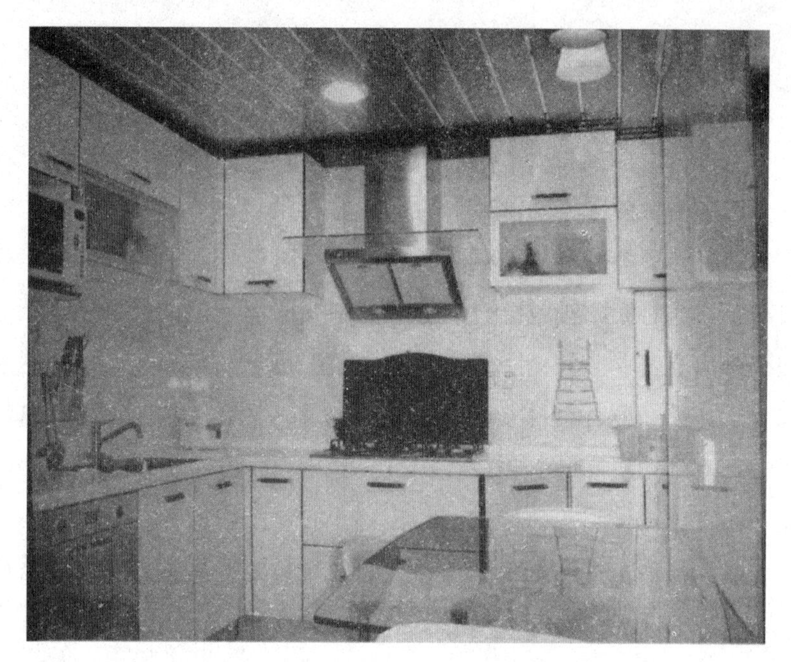

现今最典型的家庭厨房

可以利用这种塑料薄片制造出合适形状和深度的盘子。吃完饭，需要把它存放起来的时候，它又可以被变成薄片的形状，既节省空间又很方便。但现在这种塑料薄片还很原始，只是一个加热器和压力调节器。在较小的气压作用下，它可变成平板的形状；在较大的气压作用下，它既可以变成杯子，也可以变成盘子和茶托。

这倒是件十分有趣的事情，再不用担心碗碟摔碎了还要花钱买新的，到时把塑料片捏几下，就什么都有了。

看来 30 年后，我们不用再为急急忙忙回家做饭而发愁，也不用为晚饭吃什么而发愁了，一切的一切只要交给智能厨房就能轻松搞定！

神奇的未来灯光

我们都知道爱迪生是电灯的发明者，他为了找到做电灯适合的材料，失败了一万多次，可是他并没有因此而放弃，最终发明了电灯。现在，电灯的款式繁多，除了简单的照明灯外，还有专门为学生朋友们设计的护眼灯，可以节约电能的节能灯、有用来美化环境的装饰灯，不过，在30年后电灯的灯光竟然还能促进人们强身健体，一定很好奇吧，想知道是怎么回事那就接着往下看！

科学家发现灯光是改善健康的潜在方法

当今社会各种先进的家用电器越来越多，而它们发出各种电磁波也是危害人健康的“无形杀手”，但是科学家们经过研究又发现，某些频率的电磁波又可以促进人体健康，而且现在已经有一些利用电磁波作为治疗方法的专门仪器，例如：人们身体有烫伤或是关节扭伤时都可以通过电磁疗法进行物理治疗；还有电磁疗美容、瘦身等等，但这种治疗手法费用不低，而且不坚持的话效果也不明显。设想一下，如果能在平常人的居室生活中，把各种电磁波利用起来，岂不是一举两得吗？

在各种家电中，可能发出电磁波的电灯是最普通的了吧，于是科学家们就从这上面着手，他们还设了一个专门从事灯光领域的学术研究。在研究所里，工程师正在开发一种不止能提供光的灯光系统。

就像爱迪生当年发明电灯一样，经过长期探索，他们最后决定用发光二极管来作为新型电灯的发光源（LED）。LED与普通电灯比较起来更节能，但科学家关注的并不是它的这一特性，而是 LED 能以人肉眼察觉不到的高速度闪烁，而这种闪烁却能被设备捕捉到。通过设备分析，科学家惊奇地发现，这种闪烁光发出的电磁波竟能与人体内产生的生物电频率相吻合！

但是把实验室成果转化为现实中的产品，我们可能还要等上一段日子。科学家说：“这一应用取决于是否能克服一些基本的技术障碍。”比如：让 LED 的功率变得更高而且更加节能。科学家认为可能需要大约 15 到 20 年的时间进行彻底的研究和开发。

灯光能调节生物钟保持健康

30 年后，可以通过房间内的灯光来调节我们人体的生物钟，帮助我们保持健康并提高工作效率，其实这种灯光到那时将随处可见，

人体内部的 24 小时生物钟，以管理清醒和睡眠的周期而著称。当人们乘坐飞机跨越时区时，很容易会产生疲惫感；很多人喜欢过“夜生活”，晚上睡

一种用于医疗的电磁仪

得晚、白天还要早起，会出现“亚健康”状态；北极圈的冬季，自然光线会微弱到使人出现“生物黑暗”的现象——这些都是因为人体生物钟被打乱节奏所引起的。LED 灯的光线疗法，特别是蓝色的光线，能够帮助生物钟纠正时差，恢复正常。“我们的人体差不多类似于蓝天侦察器”，而这些“侦察器”则多是以白昼和黑夜作为标准，所以这里要使用蓝色的光线。

在了解到 LED 灯光线对人体的好处后，30 年后的居室装修，我们一定不要忘记请一位灯光工程师来设计我们的房间，他会把人体生物钟因素也给考虑进去。他除了会采取措施，以通过窗户和天窗向房间提供足够的自然光外，还会在诸如电脑屏幕旁安装高亮蓝色的 LED 灯，提供足够的亮度来调节生物钟。

能自己“看病”的汽车

当我们感觉身体不舒服时，就需要去医院做个检查。每次医生都会戴上听诊器，听听我们的心脏和肺部功能是否健康。但是，令我们现在大多数人想不到的是，未来汽车也会被安上一个“听诊器”，帮助汽车自动检测“健康”。

“听诊器”的妙用

最近，有人提出了关于汽车技术的最新理念：未来的汽车要能够自动检测受损部位状况，并预测受损的部位还能坚持使用多长时间。科学家们正在尝试制造出一种汽车“听诊器”，但要真正实现这一设想，还需要几年的时间。

到时，这种“听诊器”的显示外观和现在汽车上安装的仪表一样，能够显示汽车的损伤部位或各部件的最长使用期限。不过，安装这种汽车健康检测系统的关键，是绝对不能允许错误的警报。如果传感器显示，汽车已经四分五裂了，但事实上车还是完好无缺，开车的人肯定会被吓一跳。

为了保证检测结果的准确性，科学家把工作都集中到了汽车的自动悬架上，因为它是支撑汽车的一个关键部位。他们将一辆实验汽车放在自动震荡器上，以模拟出汽车行驶过程中的颠簸和摇晃。然后，再分别将传感器贴在汽车的底部横梁及其他部位，对震荡进行检测。

由于汽车震荡的节奏与人类的心跳一样，都是有一定规律的，因此根据这个特点，科学家们就可以把得到的数据与正常情况下的震荡频率，通过电脑软件进行比较分析，就和医生能从不同的心跳声中分辨出有问题的心脏一样。

这项技术，需要在汽车里加装一套比较复杂的电脑程序，这套程序可以在极短的时间里，对传感器收集到的现时数据与事先输入的标准数据进行对比分析。该程序不但能对汽车悬架的数据进行处理，还能对汽车的其他部位进行评估。到时候这种检测程序一旦成熟，它还可以被应用在飞机、飞船、轮胎、燃气涡轮甚至武器系统上。

未来概念车

普通照片变立体

你喜欢拍照吗？生活中，我们经常拍摄那些大自然美丽的风景，又或是天真无邪的微笑，都只因为想留住那一瞬间的美好。不过，我们时常也会感到遗憾，那就是，这些拍摄的照片都是平面的，看起来似乎还不够真实，是否能让它们变得更真实一点呢？这个想法在 30 年内完全有可能实现。最近，科学家们就正在致力研究一种名为“立体成像器”的新玩意，它可以让普通照片瞬间显示出立体效果，并能够使照片中的场景、人物栩栩如生、活灵活现。

研制的立体成像器

神奇的立体成像器

“看到了！看到了！里边那个人像真的一样，还是立体的呢，真的跟站在眼前的真人一模一样呀！”几年以后，在科技馆的一个展厅里，一位小朋友一边用立体成像器看照片，一边兴奋地与她妈妈交流。

随后观众们又自己动手，将一个在美国科罗拉多大峡谷拍摄的人物风景照片放入成像器里。结果，大家几乎都被吓一跳：因为，照片是在悬崖边拍摄的。在这个立体成像器里，人物场景立刻变得“真实”了起来，仿佛观众自己也站在悬崖边一般，悬崖下面深不见底，这感觉的确让人胆战心惊。

有趣的是，科技馆工作人员还将一次学术会议的照片放入立体成像器里，人们看到：照片上那些参加会议的人神态各异，有的正在兴奋地交谈、有的一脸惊诧地看镜头、还有的东张西望……非常生动。

根据人体双眼设计成像器

大家学过物理都知道，同样的物体或景物，在人左右两眼视网膜中的图像是略有差异的，物体离得越近，这种差异就越大，反之越小，因此在人的视觉中就会形成有远近的感觉。

而这个立体成像器就是模仿人的双眼，分别在左、右眼的位置拍摄两张照片，然后再按照一定的规格，把两张照片横着并列或竖着并列冲印，冲印出来后，再从两张照片的连接处断开，但还保持一点连接，背靠背地贴在一起，最后放入成像器观看，就能看出立体效果了。

这个立体成像器中的前端两侧三角地带，各沿着三角边装了两个特殊的镜片，它比我们现在用的普通镜片反光率要高得多，普通镜片的反光率为85%左右，而这种镜片反光率则在95%以上。在成像器中间还有两个呈三角形放置的镜片，它们起到了增加光线，增强光亮度的作用。

当背靠背贴着的两张照片放入成像器前端的插口后，它两侧的影像就会分别被那两个特殊镜片给反射到人观看的透镜里，使人的左、右眼同时分别看到各自的图像，但又有机地重合到一起，立体效果自然就出来了。

另外，照片在放入立体成像器时的面积虽然不是很大，但是，成像器却能在人观看时将其放大好几倍，让人们看得更加清晰，色彩也更加艳丽。

立体照片拍摄的小窍门

什么东西都是有技巧的，照片的拍摄也一样。虽然拍摄有照片是两张，但内容却一定要一模一样，只是拍摄的位置稍有差异而已。如何才能将它拍好呢？

研究人员告诉记者，这其实很简单，对于一个近似静止的景物或人物时，用一个相机即可。拍摄者可以将照相机放在靠右眼的位置先拍一张，然后向左平移6到7厘米，再拍一张。这时相机不转动，平移时高度也保持不变。

其实也可以这样：拍摄时自由站立，双脚略为分开，将人的重心先放在右脚上拍摄一张，然后再将重心移到左脚上拍摄第二张，这样移动的距离也大致等于六七厘米。

不过，当要拍远处的景物时，横移的距离也需要适当地增加，比如在3米远近的地方，横移距离即可增加到10厘米左右。如果更远，就再增加一些。

对于运动的场景或人物，一个相机的平移显然没有意义，这时可以用同样型号的相机并排着拍摄，要拍的距离近，则竖着并排，两个镜头间相隔约7厘米；要拍的距离远，两个相机则可横着排列，镜头相距约10厘米。

以后，你再不用对着那些平面照片发呆了。未来，展现在人们面前的将是一个活灵活现的“真实”世界。

最棒的牛奶

大家都知道，牛奶中含有大量的蛋白质，而蛋白质是生命最基本的组成部分之一，也是组成人体细胞的重要成分。蛋白质分子中还含有碳、氢、氧、氮、硫和磷等人体必需的微量元素。

既然牛奶对于人体来说有如此重要的作用，那么会不会在将来被别的东西代替，或更加突出它的优势呢？找到一种完全替代品看来可能性不大，但使它发挥更大的作用却是完全有可能的——未来 30 年里我们可以喝到蛋白质含量更高的优质牛奶。

新基因决定牛奶的蛋白质含量

以色列与美国的科学家，花了将近 10 年的时间，在两头黑白花奶牛的体内发现了一种名为 ABCG2 基因，这种基因可以决定牛奶中蛋白质的浓度，可以使蛋白质的浓度提高 10%。这是世界上首次发现可以控制牛奶中蛋白质含量的基因。

神奇的黑白花奶牛

大家在看电视或阅读图书时会发现，大部分奶牛都是黑白花的，其实奶牛的品种很多，但其中由于黑白花奶牛适应环境能力极强、抗病力强、年平均产奶量也比别的品种奶牛要高，所以世界各地的奶牛大都是这一类。但是，要想在今后培育出高质量的奶牛，还是要依靠高科技来帮忙的。科学家们从

高产奶量的黑白花奶牛

世界各地收集了分属28个奶牛品种的1 600个DNA样本，科学家正打算开始测试这些样本，来找出这些品种中发生基因变异的频率。

使用传统的喂养方法，牛奶中蛋白质或其他物质的含量最佳增长率为每年1%，这意味着要花费10年的时间，才能使牛奶的浓度上升10%。不过现在饲养者们知道，只需要通过简单的血液测试，辨别出哪头即将出生的小牛含有高蛋白基因，就能使饲养者容易地挑选出一些“明星牛小牛”来，不论是在产奶还是其他方面。这是一个很简单的方法，尤其对于发展中国家，这一技术将提高奶牛的基因特征，并且丰富牛奶中的营养价值。

研究人员在系统性地搜寻了10头黑白花奶牛，以及它们1 000头后代的遗传标记后，最终在两头种牛的体内发现了这种基因。并且在研究了其他研究人员提供的美国黑白花牛品种样本之后，肯定了这一发现。

普通奶牛所产出的牛奶含有3%的蛋白质，但是这些体内含有变异基因的奶牛，所产牛奶中含有3.3%的蛋白质，当这一数字在计算每头牛，每年所产的数千升牛奶时将是个巨大的差距。这一发现对奶制品生产商也产生了十分巨大的经济影响，他们主要要求牛奶的蛋白质含量。

有效抵抗牛乳腺炎

近来对于牛奶的新发现还真不少。美国科学家说，他们培育的转基因奶牛，能有效抵抗由“金黄色葡萄球菌”感染引发的牛乳腺炎，如果这种技术进入应用阶段，可以为奶制品业挽回上亿美元的损失。

牛乳腺炎是奶牛身上的一种常见疾病，它造成奶牛乳腺发炎肿胀，导致产奶量大幅下降，光就美国制奶业，每年就损失大约20亿美元，英国每年的此类损失也达2亿美元左右。但目前的一些技术无法有效防治牛乳腺炎，尤其对于“金黄色葡萄球菌”感染引发的这种疾病更是无能为力。

不过，研究人员已经找到了一种与“金黄色葡萄球菌”类似的“模仿葡萄球菌”，他们在想：如果将“模仿葡萄球菌”的一个基因植入到奶牛的体内，是否会促使其体内产生一种名为“溶葡萄球菌”的蛋白质呢？他们培育了5头这样的转基因奶牛，与普通奶牛相比，转基因奶牛抵抗“金黄色葡萄球菌”感染的能力大大加强了。不过，这种转基因奶牛只能抵抗由“金黄色葡萄球菌”感染导致的牛乳腺炎，对其他细菌引发的牛乳腺炎不一定有抵抗力。研究在继续着，预期在20年内这一问题会彻底解决。

牛奶人人都爱喝，不过没想到科学家们在牛奶身上还投入了那么多的精力，因为他们知道，即使在未来高科技的日子里，牛奶对于人类来说将越来越重要。

五、通讯机械

张嘴就能说外语

随着社会的进步，国家与国家、人与人之间的交往越来越多，语言在此就显得格外重要。不同国籍、不同民族的人群，有着不同的语言，这虽然是人类文化宝库中的一个重要组成部分，但也是人们顺利交流的最大障碍。但各种翻译机的出现，在某种程度上或多或少解决了些问题。不过，这些翻译机似乎还不够完善，一是反应速度慢，往往前后总会有十几秒的间隔；二是翻译的准确率比较低，因为翻译机只能根据事先内部设定好的一些固定字库，进行字对字的翻译，这种翻译对于简单文字或对话或许可以，而一旦遇到比较复杂、灵活，专业性比较高的翻译要求时，往往就会出现许多低级的错误，该怎么办呢？这时就需要专业的翻译人员出马了。但这样也比较麻烦，而且遇到紧急情况时也是无法进行正常交流的。要是有种可以随身携带的翻译机那就方便多了。

外语让你随口说

目前，科学家正在开发一种新的语言识别和翻译系统。这些微小的设备在将来很有可能发展成只要把它们放进人们的嘴巴里，就能立刻说出一口流利的外语，哪怕这种语言他以前从来就没有学过。

使用这种翻译系统时，要在使用者的脸颊和喉咙上贴上一排排的小电极，然后通过测量使用者在做口腔运动中，肌肉运动所产生的电流，再根据事先设定好的程序，按照某一种外语的发声规律，把这种电流转换成声音发出。

未来的眼镜翻译机

当我们遇到外宾时，我们大可以按照平常习惯大声说着汉语，翻译系统就会自动测量出说中文时口腔肌肉产生的电流，再把该电流按照事先设定外语的发声规律，通过一台小扩音器转换成对方可以听到的声音。

如果到那时，人人出国旅游，脸上都贴上十几个电极的话，也算是一道奇特的风景线了。因此要让这一技术更具有实用性和美观性，还需要进一步研究。但科学家认为，这种技术上的问题是完全可以解决的。未来的翻译机可以在眼镜上“大做文章”，把眼镜和翻译机融合成为一体，这样，电极就可以被隐藏在眼镜架里面。这个眼镜能将翻译出来的语句显示在眼镜的镜片上，就好像看原音电影屏幕底下的中文字幕一样。

此外，还有一种更为精致的翻译系统。这种系统能通过超声波，将说话者的声音翻译后发射到听话者耳朵里，同时也不会干扰到其他人。这种设备很可能会取代目前召开国际性会议常用的翻译耳机。

目前最关键的是，要弄清楚究竟需要多少个传感器，以及它们应该安装在人体内的哪个部位更合适。

硬件＋软件

科学家们在克服语言障碍的同时，采用的不仅是新型的设备，还要依靠专门的软件来控制机器的运行。

过去，传统的翻译机只能用来对有限的、特殊的话题进行现场翻译，之所以会这样，是因为这种翻译机内的软件必须在说话开始时才开始，结束时就结束，而编写这样的程序是一个高劳动强度的工作。

而且语言是具有灵活多变的性质，有时候一个词出现在不同的谈话内容中，会有不同的含义。为此，科学家们借助了目前技术的优势，设计出了一个不再受话题限制的精确系统。例如：英语单词“bank”，它有“银行”和“河岸”的双重含义，当翻译这个词的时候，系统就会按照统计学的方法，根据上下文考虑这个词的含义，或是分析这个词在用做“银行”和“河岸”时，不同的使用频率，最后做出最准确的翻译。

该电脑程序还能从这些翻译中“自动学习、积累经验”，然后根据精确的预算进行判断，在翻译时需要如何添加适当的词语和句子。也许，在不久的将来，我们说外语就会和说母语一样轻松自如了。

纳米时代的机器人

你想象中的未来机器人是什么样子的呢？是全身穿着金属做的“华丽外衣”、头上顶着带有两根卫星天线的“头盔”、脚上蹬着“四排轮的滚轴溜冰鞋”、会用四国语言回答问题；还是表面上拥有和人类一样的外貌、身体内部的构造却是“钢筋铁骨”，有着敏捷的身手和超高的智商呢？

纳米正在流行时

20 世纪末，纳米技术迅速流行了起来，“纳米”又是什么呢？是一种新型材料还是什么别的东西？

简单地说，纳米和我们熟悉的米、分米、毫米一样都是长度计量单位。1 纳米大约是 3 到 4 个原子排列在一起的长度，是头发直径的万分之一。

其实，早在 1959 年，著名的物理学家理查德·费恩曼在一次演讲中就提出过这个概念，那时候他就预言：人类可以用微小的机器制作更小的部件，最后将根据人的意愿，将这些部件逐个组合，制造成原子大小的相关产品——这是关于纳米技术最早的梦想。

用纳米技术制作出来的机器，由于体积很小，它就可以“钻”到物体的内部，把物体内的分子一个个地进行重新组合。比如：利用纳米机器将获取的碳原子逐个重新组织起来，就可以把普通的炭条变成精美的金刚石。如果将来纳米机器能够把草地上剪下来的草变成面包，是不是更不可思议呢？因为世上任何一个物体，无论是电脑还是奶酪，都是由分子组成的。只要用一部纳米机器把它们的分子重新组合，那么它们就会变成另一样东西了。

理论＋实际＝成功

理论上来说，纳米机器是可以重新构建所有物体的。不过我们都知道理论用在现实上不一定全都合适，但研究纳米机械的专家已经明确表示，实现纳米技术的应用是可行的。在电子显微镜的帮助下，纳米机械专家已经能够将独立的原子，重新安排成自然界从未有过的结构。

纳米技术学家期望在25年内，在现实生活中实现这些想法，创造出真正的、可以有效工作的纳米机器人。这些纳米机器人有微小的“手指”可以精巧地处理各种分子；还有更微小的“电脑”来指挥“手指”的运动。“手指”可能由碳纳米管制造，它的强度是钢的100倍，细度是头发丝的五万分之一。“电脑”也同样由碳纳米管制造，这些碳纳米管还能做成连接它们之间的导线。

分子大小的纳米机器人

我们都知道分子是很小很小的，根本无法用肉眼直接看到，不过分子虽小却拥有无穷的力量。过不了多久，只有分子大小的纳米机器人将源源不断地进入到人类的日常生活中。它们将为我们制造钻石、鞋子、牛排、清除人体内的垃圾或复制更多的机器人，如果想让它们停止工作，只需启动事先设定好的程序就可以了，是不是很简单方便呢？

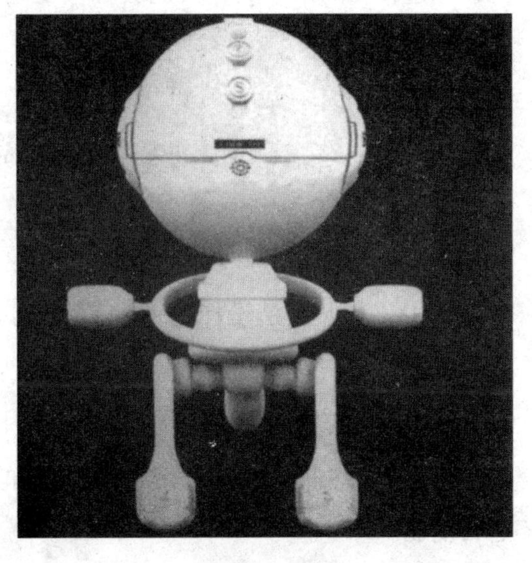

未来的纳米机器人

不过你可能会觉得上述这些想法让人不可思议，但在50年后这些并不是不可能实现的。

但是考虑到纳米机器人体积太小，因而无论它们执行什么任务，甚至包括自身的复制，都必须动用庞大数量的群体。清理的血管里的人体垃圾，可能就需要数以百万计的纳米机器人；要制造一辆汽车，可能要调动一百亿亿个纳米机器人同时进行工作，然而还没有一个生产线可以生产如此巨大数量的纳米机器人。

但是在科学家的眼中，未来是可以做到这点的。他们设计的纳米机器人可以完成两件事情：一是执行它们的主要任务；另一点是制造出它们自身完美的复制体，就像细胞分裂一样。如果第一个纳米机器人能够制造出2个复制体，这2个复制体每个又可制造出4个自己的复制体，依此类推，很快就可以获得万亿个纳米机器人了。

当然不可能什么事情都是一帆风顺的，假如纳米机器人忘记了停止复制自己，会发生什么事情呢？如果没有一些事先制定好的停止信号，这些纳米机器人就会无休无止，不停的复制，后果将会是无法预料的。一个发疯的、正在制造食物的纳米机器人能够把整个地球生物圈，在很短时间里变成一块巨大的奶酪。

纳米技术的未来

纳米技术学家们并没有回避危险，但是他们相信他们能控制灾难的发生。其中一个办法是设计出一种软件程序，使纳米机器人在复制数代后自我摧毁；另一种办法是设计出一种只在特定条件下复制的机器人。例如：只有在有毒化学物质，以较高浓度出现时，纳米机器人才能进行自我复制，控制毒素蔓延；或者在一个事先设定好的温度和湿度范围内，机器人才能进行复制。

就像电脑病毒的传播一样，所有以上这些努力可能都无法阻止那些不怀好意的人，去释放某种纳米机器人，作为伤害别人的武器。事实上，一些科学家曾经指出，纳米技术可能带来的危险要大于它的益处。然而，仅仅这些益处就已经太具有诱惑力了，纳米技术必将超过电子计算机和基因制药，而成为21世纪的技术发展方向。世界可能会需要一个纳米技术免疫系统，在这个系统中，纳米机器人警察会不断地在微观世界中，同那些不怀好意的纳米机器人进行战斗。

不管怎样，纳米技术已经到来了！

信息高速公路

20 世纪 60 年代，有人提出了建设高速公路的构想。高速公路的建设，使物资流通加快，给工业化社会带来新的经济繁荣，真是功不可没。1991 年，当时任参议员的现任美国副总统戈尔，又提出一个“信息高速公路”的新概念。一时间沸沸扬扬，成为全球关注的一大“热点”。

什么是“信息高速公路”？它又为何引起人们这么大的兴趣呢？

尽人皆知，“高速公路”是可以同时容纳许多车辆双向高速并行通过的大马路。由此引申过来，“信息高速公路”也就是能够让大量信息同时高速并行通过的信息通道。不言而喻，它也必然是宽阔的“大道”。作为信息高速公路“路面”的，是光彩照人的新一代媒体——光纤。一根细如发丝的单股光纤所能传送的信息要比普通铜线高出 25000 倍；一根由 32 条光纤组成的、直径不到 1.3 厘米的光缆，可以传送 50 万路电话和 5000 个电视频道的节目。这还只是目前的实际水平，其实它还有比这大千倍的潜力。正因为光纤和光缆有如此大的能力，它已被选中作为未来信息高速公路的主干道。当然，除此之外还有许多“配角”，如卫星通信电路、微波电路、同轴电缆电路等，也都将施展其各自的长处。

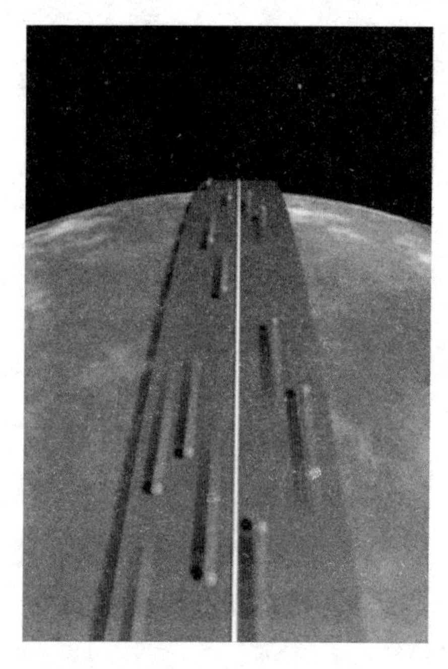

在未来信息高速公路上“行驶”的，

将是数量惊人的形形色色的“信息”。有大家所熟悉的话音信息（电话通信），也有计算机与计算机之间彼此“交谈”的信息（数据通信），以及信息含量十分丰富的电视、电影等各种为人的视觉所接收的图像信息。由于信息高速公路容量很大，可以容许这么多信息同时快速通过，而不致出现拥塞现象。它的这种能力是目前的电话网和其他通信网所无法比拟的。

信息高速公路将会给我们带来什么呢？要对它做全面的描述是有困难的。但是我们可以预料，不久的将来；它将使今天看来仍十分奢侈的视频点播得到普及，使远程医疗、电子购物、在家办公、异地教学等有了物质基础。因为，所有上述这些信息时代的新景观，都离不开宽广的、高速的信息通道的支持。

全球一网

在前几年，因特网对中国老百姓来说，还是相当陌生的。可 1995 年，新闻媒体的两则报道却使它名声大振。于是，越来越多的人想了解这个神奇的网络，并进而想和它交朋友。

两则消息都与求医有关。一则消息是说山东有一位 13 岁的小姑娘杨晓霞得了一种怪病；一时找不到能医治这种病的人。为广泛寻求国际医学界的支持，北京某医院通过因特网向全世界发出了呼吁。结果，很快就收到了许多国家医学专家的治疗方案，控制了晓霞的病情。另一则消息报道了北大学生为挽救一个得了一种罕见疾病的清华大学学生，通过因特网向国际求援获得成功的消息。

那么，什么是“因特网”呢？简单地说，它是将分散在世界许许多多地方的计算机网络连接在一起，使得每个网络上的任何一个用户都可以通过这个“网中之王”与别的网上的用户建立联系，或从网上获得各种各样的服务。

因特网能为人们提供的服务很多，电子邮件、远程登录和文件传输，是它的三个基本服务项目。电子邮件是计算机通过因特网传递文字信息的现代化手段。你可以通过这项业务与连接到网上的任何一个用户交换信息。通过因特网传递的邮件不仅比传统的邮件寄递快得多，而且还要便宜得多。它有取代目前“传真”功能的趋势。远程登录服务可以使网上的用户能充分地、随心所欲地利用网上对外开放的数据库资源，例如，可以从科技数据库里获取所需要的数据和资料；可以从有关社会科学和文学艺术的数据库里获取你所需要的信息等等。文件传输服务是在网上用户之间进行包括声音、图像和数据在内的多媒体文件的传输。此外，还有电子布告牌服务和电子论坛服务等。它们使得世界各地某一领域的同行和爱好者，可以通过这个网开展各种各样的专题讨论，寻求广泛的支持。据报道，美国有许多学生已将因特网作为求职的一个重要工具；有的还通过网络调用各种软件玩游戏机，养成了“网瘾”。

因特网的前身是美国国防部1969年建成的一个实验网。它逐渐演变、发展，成为世界性的大型网络。不管在哪个国家，用户只要连接到这个网络上，都可以共享这个网络的资源。正是由于这个原因，有人把它称作“网络世界的‘世界语’”。至1998年底统计，全球1亿台计算机上网人数约1.47亿人；中国网民达210万人。

接入因特网的方式很多，可以直接接人，也可以通过拨号的方式“拨入连接”。

因特网被认为是未来信息高速公路的雏形，是人类进入信息时代的前奏。现在，计算机的芯片正以每18个月功率增大1倍、价格降低一半的趋势发展。可以想见，随着时间的推移，人们进入并使用这个网的费用会逐渐降低，因特网最终将走入寻常百姓之家。

未来“信息手表”

进入信息时代，手表不再只是计时工具，而成为一表多能的信息媒体。一系列可与计算机和电话联网远距离联系的手表也将上市。

德国最近就向市场上推出了一种电脑手表。据称，这种电脑手表能帮助用户记忆信用卡和支票的密码，提醒用户的生日，或发出警告：“银行账户上存款已经不多广这种新式手表上安装有一个光电二极管，能同计算机进行信息交流。

美国泰梅克斯制表公司与世界上最大的软件公司——微软公司也达成了合作协议，并已开发出一种新型手表，只需简单地把它对准计算机屏幕就能与微机联系。数据显示在与表盘合成一体的液晶显示器上。使用这种手表的用户可在他们的微机上输入和编辑数据，并在屏幕上选择信息，然后将手表盘在15至30厘米距离内对准屏幕，信息就可载入表内。手表的主人能把当天的日程安排、生日、备忘录电话、传真编码清单输入表内，还可调整时间和设置闹钟。装在表内的夜光灯可在光线较弱的情况下或夜间用于照明。

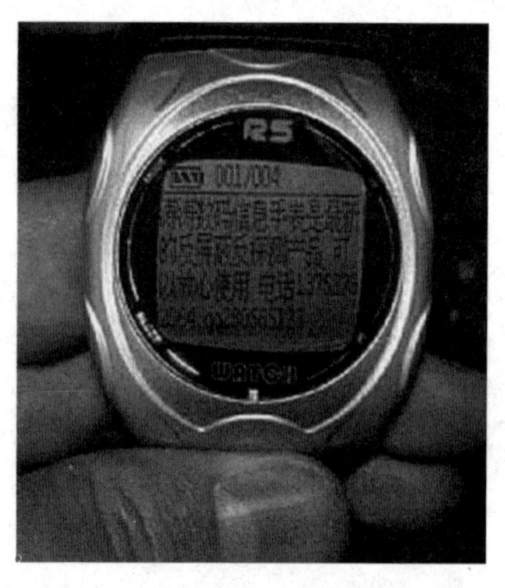

科学家们预测，今后的手表还将向多功能化的方向发展。荷兰的飞利浦公司眼下正在研制一种具有电视、移动电话功能的手表，人们戴上这种手表就等于随身携带了一台多媒体计算机。据英国《星期日泰晤士报》的报道说，飞利浦公司研制的这种新型手表，代表了世界上许多高级实验室正在研制的一种新技术，这种新技术可使手表的主人随时与未来的信息高速公路相联，随时与别人通话，接收电视节目等。研制这种手表的技术专家透露，目前这种技术的难关是研制出功能更多的芯片和使用时间足够长的微型电池。

未来新式的手表将能通过调整无线数据网接收最新的重要新闻、体育比赛和金融信息。美国的数字广播公司现在也开始研制调频接收机模块及无线系统。日本的精工公司更是抢先一步，已于1994年底推出了“信息手表”，它巧妙地将寻呼机和调频收音机合二为一。据精工公司的负责人介绍，这种“信息手表”所需电池的使用寿命可达18个月，另外每月再交纳2.5美元的新闻服务费和9美元的寻呼服务费。

令人感叹的是，精工“信息手表”是精工公司首先在美国推出使用的，它的调频服务范围也只限于洛杉矶地区，但其覆盖范围将能延至圣迭戈和拉斯维加斯。而且其调频广播系统采用了几个电台空余的波段发送信息。

就目前来看，“信息手表”还仅仅是个新生事物。但专家们预言：“信息手表”的出现和普及是信息社会发展的必然，随着信息社会的发展和需求，还将会有更多的形式多样的“信息手表”出现，这些“信息手表”将会更好地造福人类，服务社会。

进入“梦的世界”

现代的科学技术不仅使我们变得耳聪目明；对外部世界一览无遗，而且还能模拟各种各样的环境，使你置身其中，如同生活在一个真实的世界里一样。

所谓“虚拟现实”，就是运用计算机技术，在人们眼前生成一个虚拟环境，使人感到像是真实存在，并置身其中。虚拟的环境可以是客观世界里存在的，也可以是根本不存在的东西。

虚拟现实技术最早应用于为培训飞行员而设计的飞行模拟器。这种飞行模拟器利用数字图像处理技术，把侦察到的敌方阵地的二维摄影图像转换成三维图像，使飞行员如同身临其境，进行对敌方阵地的轰炸演习。

目前，虚拟现实技术已广泛应用于医学、建筑工程学以及军事等诸多领域，甚至被用于商品的销售。

例如，日本一家公司为了推销它的产品，推出了“虚拟厨房”。客户只要头戴一种特殊的显示器，手着一副数据手套，便有置身于厨房之中的感觉。你可以在厨房中来回走动；可以开一开厨房的门和抽屉，使用一下你所选购的各种厨房用具，看是否称心如意。显然，在这模拟现实的虚拟环境中选择商品，比在货架上选择要方便得多了。

虚拟现实技术是集模拟技术、传感技术、显示技术、计算机技术等现代科学技术于一身的高技术。利用计算机图像技术，既可以模拟如上面所讲的厨房用品一类的实物，也可以把凭空想象出来的东西变成栩栩如生，可以看到、听到的音像作品。例如，可模拟海底龙宫，使人置身于虾兵蟹将之中；还可以模拟客观上存在，但平常人们无法感觉或接触到的东西，如原子世界所发生的一切。十分难得的是，虚拟现实技术所模拟的环境不是“死”的，而会随着人的反应不同而出现不同的情景。

要领略虚拟世界的风光，需要头戴显示器，手着数据手套，身穿数据服。数据手套外形很像普通的橡皮手套，但在它上面却暗藏了许多传感器。通过这些传感器把手部运动的数据传给计算机，在计算机的显示器上便会出现三维的虚拟手；同样道理，布满传感器的数据服也能把人的体形显示出来。人一动，屏幕上的图像也跟着动了起来。

个人通信系统

社会经济发展之后，人的流动性增加了。移动电话、BP 机以及几代无绳电话的出现，都在一定程度上迎合了这样一种需要。可是，这些通信工具能够起作用的范围却是十分有限的，它离人类通信的理想境界还有一段相当大的距离。

什么是人类通信的理想境界呢？那就是不论什么人，也不论他在何处，都能在任何一个时刻与地球上任何一个其他个人，以任何一种形式建立通信联系。这也就是所谓的“全球个人通信”的概念。

要实现全球个人通信，首先需要一个能覆盖全球，没有任何“死角”的现代化通信网。这个网要有能自动且十分迅速地寻找并跟踪每一个行踪不定的用户的本领。此外，还要求有十分轻便、小巧和能移动的电话机、传真机、数据终端机等通信终端设备。

目前，国际上的许多财团都在参与开发全球个人通信系统的角逐。正在开发的系统中，美国摩托罗拉公司的“铱系统”尤其引人注目。

“铱系统”实际上是一个低轨道全球卫星移动通信网。卫星“星座”是由 66 颗运行在 780 千米上空的低轨道卫星组成的。这 66 颗直径约 1 米的小卫星分布在 6 条椭圆形轨道上，每条轨道上有 11 颗。这些卫星发射出来的无线电波束，覆盖了整个地球。当系统中的任何一部电话启动时，与该电话机最近的一颗卫星和“铱星网络”便会自动核实该机账号及其所在方位。然后，用户可以选择利用蜂窝通信系统或卫星中转与接力系统，把信息传送到目的地。利用微波，信息在 66 颗卫星之间接力传输，其往返穿梭，与运动员的接力赛跑十分相似。在地面上，一种叫“关口站"的地球站将“铱系统”与地面的公用电话网连接起来，它使得地面上的任何一部电话机、传真机、寻呼机和数据终端机，都能通过“铱系统”与别的通信终端机建立起通信联系。

为了进行全球个人通信，每一个用户都有一个唯一的、属于他自己的“个人号码”。预计到2001年，持有个人号码，加入“铱系统”行列的用户可达180万户之多。如果加上其他类似系统的用户，全球个人通信将会有相当的规模。

“海内存知己，天涯若比邻”这一人类多年来美好的憧憬，不久将会变成为科学的现实！

未来信息战争

根据美国空军的估算，摧毁一个目标：在第二次世界大战中需要 9000 枚炸弹；在越南战争中下降为 300 枚；而在海湾战争中使用的精确制导弹头，只需 2 枚。正如美军的一位高级将领所说：“从来没有哪个指挥官像我们的战场指挥官那样全面而完整地了解其对手。”这充分说明，海湾战争的硝烟，已经向世界展现出了未来信息战争的一些端倪。

信息战是在战争中大量使用信息技术和信息武器的基础上，构成信息网络化的战场，进行全时空信息较量的一种战争形态。

网络化的信息侦察监视系统，使未来战场变得“透明”，几乎难有藏身之地。侦察卫星系统、机载舰载情报系统、地面通信情报系统和夜视侦察系统，将构成全方位全天候的侦察监控。这些“千里眼”、“顺风耳”将敌方的一举一动及战场变化，及时、迅速、准确地反馈到信息处理指挥中心，为指挥员决策提供可靠的依据。海湾战争中，美国调用了 6 颗正在运行的卫星，专门发射了 3 颗可透过云雾和夜幕进行观察的成像卫星以获取情报；13 架预警飞机及多种遥控侦察机、60 个地面情报站和舰载情报系统，日夜监视伊拉克的信号和军队行动；侦察机的夜视热成像仪在 20 千米高空可清晰地观察人群和车辆的行动。

这还不算，信息技术还将主导未来战争的武器装备系统。将小小的芯片嵌入武器装备系统，使它们长上眼睛，形成各种智能化的武器和精确制导弹头，将极大地提高精确度和杀伤能力，使作战效能成倍增长。海湾战争中，美军从千里之外发射的“战斧”巡航导弹，直接攻击伊拉克战略纵深目标，命中率达 90% 以上。在攻击某电站时，曾出现了第二枚导弹不偏不倚地从第一枚导弹炸开的弹洞穿入的奇迹。

美国的军事专家认为，由情报、通信、指挥、控制和计算机构成的信息网络系统，将左右战场态势。这个系统将侦察监视系统、信息武器系统、各参战部队乃至每个单兵及后勤保障系统联为一体，从而使陆、海、空、天、电五位一体协调行动，对变化莫测的战场实施控制指挥。作为战场“神经系统”的信息网络，既能有效控制“硬杀伤”，也是双方进行“软杀伤”的隐蔽战场，如计算机病毒、点穴攻击战、信息截取战、信息置换战等。海湾战争中，美国间谍把一套带有病毒的计算机芯片换装到伊军从法国买进的用于防空系统的电脑打印机里，以此将病毒侵入伊防空指挥中心主计算机，使整个防空系统陷于瘫痪。前不久，美国海军进行了一次别开生面的演习：一名年轻军官在几十个专家的众目睽睽之下，用一台市面上销售的普通计算机，仅花费了 2 小时，就打进了美国海军指挥网络，并成功地夺取了参加演习舰队司令的指挥权。这说明未来战争中，这种信息网络系统既神通广大，又易遭到攻击。

英国电信公司一位电脑操作员，借助于公司职员提供的电脑密码“闯入”公司内部的数据库，从而获得了英国政府防务机构和反间谍机构的电话号码和地址。

被窃走的机密还包括英国情报机构、政府的核地下掩体、军事指挥部以及控制中心的电话号码。这些极为机密的电话号码原本输入一个秘密的民事防务电话网络里。同时泄密的还包括英国的情报机关军情 5 处和军情 6 处的电话号码，英国导弹基地和军事指挥中心以及一些高级军事指挥官的详情，还有英格兰北部一个美国通讯中心的详情。他还掌握了当时英国首相梅杰的住处，白金汉宫的私人电话号码。设在威尔特郡的核地下掩体是核战时英国政府的所在地，此次也被暴露。

这位电脑操作员通过全球电脑网络即“交互网络”，又把这些机密传输给苏格兰的一位新闻记者。“交互网络”仍有大约 2500 万个用户，他们只需花费打一次电话的钱，就可以从网络里获得这些机密。

或许这位操作员出于一种好奇心理，或许完全是一种随意，但他的“闯入”震动了全英国，让英国的情报机构惶惶不可终日。

另外，应用信息技术装备起来的数字化部队也将成为未来战场的主角。1995 年以前美军已组建了一个数字化营，按计划到 1996 年底再建成一个数字化旅，到 2010 年将实现陆军全部数字化。数字化部队由全球定位系统将武器系统、各种车辆飞机的引导系统、作战信息网络系统和戴有微型计算机屏幕头盔的每个士兵连接起来，指挥员坐在指挥车的计算机终端前，通过屏幕了解战场情况，直接实施指挥。数字化部队反应灵敏，机动迅速，协同周密，打击力极强，往往以极少量部队，达成最大战争目的。据美军于 1994 年 4 月 10 日 -23 日进行的“沙漠铁锤计划”实兵对抗演习得出的结论：“数字化部队拥有三倍于常规部队的潜力。”

多媒体技术、人工智能技术、仿真技术和控制理论的发展，将出现完全模拟炮火连天战场情景的虚拟战争。这既可以在战前进行战争的反复预演，以修订作战方案，检验作战理论、武器装备性能和编制体制，又能够对部队进行模拟仿真训练，使部队在近似实战的情景下得到锻炼。

军事家预言，未来的信息战争必将促使军事领域发生深刻的变革。

六、人类健康

生命的修复

世界最宝贵的财富也许就是生命了，因为生命对每个人来说仅有一次。在人类生命的长河里，天灾、人祸、疾病以及遗传等诸多因素致使部分人肢体残缺、器官功能丧失，备受生活的煎熬……然而，在科学迅速发展的今天，日新月异的高技术给这些残疾者带来了福音——残缺的身体可以修复！

德国科学家将信息技术、微系统技术与神经科学结合起来，研制出一种供盲人用的假眼。德国科教研究部刚刚批准这一计划，并拨款2000万马克，拟批量生产这种假眼。

该假眼是德国波恩大学的罗尔夫·埃克米勒教授和法兰克福研究所的电子学家共同研制的。其原理是：首先将摄像机拍摄的画面通过神经计算机变成一种光信号，经过编码的画面再通过激光传至装在视网膜后壁上的芯片，所产生的电脉冲传至视网膜上的神经细胞，最后画面上的所有信息通过光学神经传至盲人大脑。此时盲人就能像正常人一样观看摄像机所拍摄的画面。这种假眼的问世将使盲人重见天日，感受到大自然的美好。

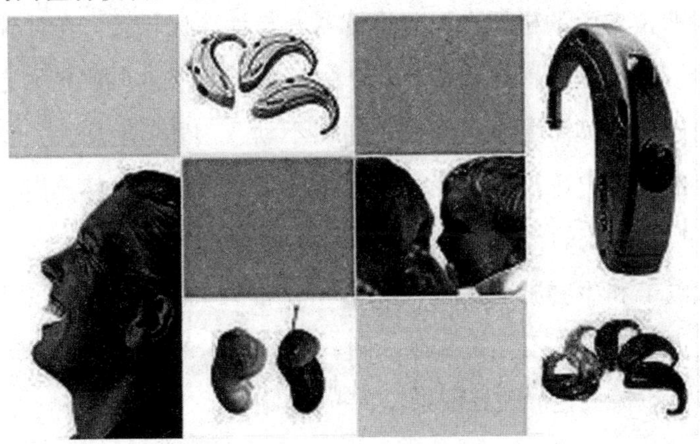

数字式助听器给听力下降患者带来了很大的方便，但对于完全失聪的聋哑人来说助听器无济于事。目前欧美国家已经研制出一种供聋哑人使用的假耳。将这种假耳放在聋哑人的耳蜗内，便能产生听觉。这种假耳制作十分复杂，因为对于健康人来说，从一种声音发出传到耳朵，再到耳朵听见，这虽然只是瞬间之事，但要涉及 3 万个神经细胞，假耳也必须仿造人耳构造才具有听觉功能。

由于各种疾病或事故，全世界每天都有不少人失掉双腿，假肢的需求量越来越大。欧洲科学家正在实施一项“让你站起来”的计划。英国科学家已研制出一种假肢，使 1 名因车祸失掉双腿的 34 岁的妇女连续站立 4 分钟。别小看这 4 分钟，对朱莉 · 希尔来说多么不易啊。医生在朱莉 · 希尔的脊柱两侧放置 6 对总共 12 个电极，让每秒产生 12 至 15 次的电脉冲作用于肌肉神经。朱莉 · 希尔只需按一下微型电脑电钮，便能启动控制电脉冲的程序。安装在她胸部的接收器一旦接收到指令，肌肉便开始动作。当然，朱莉 · 希尔仍离不开拐杖。

德国神经治疗中心的沃尔夫冈 · 多尼赫教授正在研制一种能让患者扔掉拐杖的人工行走系统。他研究的对象是终身被困在轮椅上的截瘫病人。多尼赫教授担心在患者身上试验有危险，他利用计算机技术设计了一个虚拟截瘫病人，并给“他”安装了 180 块肌肉。他使其中一块肌肉活动，仔细观察这块肌肉的运动对于其他肌肉以及整个身体的影响。在此基础上多尼赫研制出一个名为“弗雷聚”的机器人，并将机器人与计算机相接。在计算机的作用下“弗雷聚”站立起来，而且站得十分稳当，来个“金鸡独立”它也不会摔倒，即使用外力使其摇晃，它仍是“岿然不动”。1996 年夏天，多尼赫下决心在人身上作试验。好几个截瘫病人愿意接受试验。多尼赫教授准备让这些患者在人工行走系统的帮助下扔掉拐杖，走出轮椅。

在现代电子和生物技术的完美结合下，盲者重见光明，聋者恢复听觉，瘫痪者重走人生之路已不再是梦想。随着高新技术的飞速发展，展示在残疾人面前的将是重铸人生的美好前景。

指纹图的由来

1985 年英国莱斯特大学生物学家杰弗里斯教授发明脱氧核糖核酸识别方法后，引起世界各国警方的高度重视，称这一发现是法医学研究的革命性突破。它使传统的法医学生物检验只能排除嫌疑人，不能认定嫌疑人的技术发展到一个崭新的阶段。从此在各国法医学界掀起了 DNA 研究应用的热潮。现在，这项技术已遍布全世界 130 多个国家。我国公安部第二研究所于 1987 年建立了 DNA 指纹实验室，开始对这项技术进行研究，并应用于办案。接着，北京、辽宁、江苏等地也运用此技术办案取得巨大的社会效益。

当人还处在“人之初”的一个细胞时、就从父母那里各取到了“半张”生命的“施工图”，构成自己独有的 DNA 谱表。人的遗传基因约 10 万个，每个均由 A、T、G、C 四种核苷酸，按次序排列在两条互补的组成螺旋结构的 DNA 长链上。核苷酸总数达 30 亿左右。目前已经查明，具有遗传作用的 DNA 像小卫星一样分布在遗传位点上。同一种族的“小卫星”都有相同的核心序列，这是种族遗传和个体具有相似性的物质基础。同时，“小卫星”的边缘序列又具有高度的可变性，不同个体彼此不同，差异很大，这是种族内个体呈现多样化的重要内因。对遗传位点上的基因，经过放射自显影或酶显色，就可得到像商品条形码一样的图带。这种图带在个体之间就像人的指纹一样各不相同，具有高度的特异性，这就是 DNA 指纹图的由来。

如果随机抽查两个人的 DNA 制成指纹图，完全相同的概率仅为三千亿分之一。这一概率远低于目前世界人口总数的倒数，即使同胞兄弟姐妹，完全相同的概率也只有 200 万分之一。但在核心序列上，同一家族的图谱完全一致，所以子女的 DNA 指纹图可以在父母的核心图带中准确无误地重现，这就是“亲子鉴定”的依据。

DNA 指纹技术对作案者的认定是通过现场生物学检验（血斑、精斑、组织、毛发等）与嫌疑人 DNA 指纹图的对比而进行的，若作案人未被作为嫌疑对象时，也就无从认定作案者。因此，国外有人干脆建议大规模地建立全国性的或地区性的 DNA 指纹图数据库，以通过计算机查询对比直接认定作案者。但这一浩大工程不易实施，同时有人认为这侵犯了公民隐私权，还有人担心这类数据库果真建立起来，就难以保证一些遗传学家不想进行“遗传摸底”的试验，以致滥用该技术，甚至给社会带来类似纳粹分子民族清洗的灾难。

1994 年 7 月，美国纽约州立法机关在经过多次辩论后同意，建立一个州级的 DNA 数据库。该数据库将储存已定罪的重罪犯人的 DNA 样品，以便用于确定其与未侦破案件之间的联系。

“透视”基因

随着DNA指纹图及其相关技术的不断更新和日趋完善，近年来，DNA指纹图技术已扩展到生物学的各个领域，并日益显示其独特的优势。

一个弄清人类全部基因蓝图的国际计划正在进行。其中美国华盛顿大学的默克教授教导的小组，每组要确认400个新的基因序列至1996年3月，他们已确定了35.5万个基因序列。在21世纪初，人类就可以把30亿个密码的排列情况，10万个基因的情况研究清楚。

有科学家预计，未来10年，10大产品将彻底改变人们的工作和生活方式，并使人们更深刻地感受到科学技术的神奇力量，而其中第一项就是基因药品。人类对自身基因的研究和基因工程的进展，将在今后10年中使制药业取得飞跃，治疗骨质疏松、老年性痴呆等疑难杂症的药物将问世，艾滋病的治疗也将取得突破。人们可以了解自身的基因图谱，医生诊断时需要考虑病人的基因组成。

目前，科研人员已能够识别某些可导致人体患癌的遗传基因，这些癌症包括乳腺癌、结肠癌及一些罕见的癌症。

美国一些研究儿童基因疾病的科学家，已经分离出一种特殊的基因。据称，大约有1%的美国人（即2600人）携带这种基因，这种基因称为毛细管扩展变异基因。科研人员认为携带这种基因的人，其发生癌症的概率要比其他人高出3至5倍。这些癌症包括肺癌、皮肤癌、胃癌和胰腺癌等。使用X线检查，较易判别是否携带有这种基因。

不仅如此，英国伦敦大学基因学教授史蒂夫·琼斯最近在英国科学周刊上发表报告指出，社会进步特别是医疗条件的改善，使得自然选择的威力逐渐在人类社会中失效，人种已开始退化。

他认为，自然选择是生物进化中的主要力量，经自然选择的物种均是适应环境的优良品种。过去由于人类生存条件艰苦，新生儿死亡率很高．人们从小到大均面临着生存的威胁，因而生理和心理素质较高的人才得以生存下来，这也使得人类的基因不断改良。二次大战后，全世界的生存条件特别是医疗条件有了极大的改善，因而自然选择的威力越来越小，使得大量因为基因变异而产生的素质不高的基因能够遗传下去，最终导致人种的总体退化。他还指出，近几十年来，由于化学制剂的广泛应用，男子的精子减少、质量下降，使得后代的基本素质也比以前降低。另外，受教育程度高的人生育的子女少，受教育程度低的人生育的子女多，导致人口素质的逆增长。这都将导致人口素质的逐步退化。

因此，一些人士提出利用基因监测技术选择理想的胎儿，以人工优生方法代替自然选择。

另外，台湾的一位教授经过 20 多年的研究，于 1988 年提出基因与人类行为的因果理论、认为对具有犯罪、精神病等倾向的人，可以通过基因矫正或蛋白质化合物的药物补充来达到预防、治疗的效果。

目前我国正在组织科学家执行一个弄清水稻全部基因的计划，已取得一些重大成果，预计我国可以在世界上第一个得到全部水稻基因的图谱。不久前从中国科学院遗传研究所和中国水稻研究所传来捷报：用 DNA 指纹图技术鉴定杂交水稻种子的真伪获重大突破，并初步建立了一套鉴定“汕优 63”的分子检测技术体系。多少年来，作物种子质量一直是农业丰歉的根本问题。随着这项工作的深入开展，其他水稻杂交品种及其他作物种子的鉴定工作，可望短期用上 DNA 指纹图技术。

美国科学家最近分离出了促使植物开花的遗传基因“开关”，这一成果有可能人为地控制作物的成熟时间，缩短生长周期，或者改变某些作物在一些地区不适宜生长的状况。

黑龙江水产研究所的科技人员巧妙地把鱼和牛、羊的基因相联后培育出的鱼，既保留着鱼的鲜味，又长得快、个儿大。前两年就推上市场的一种“生物工程”新型西红柿，无须采取任何防腐措施。即可存放三周。

也许在20年内，人们将按基因选择饮食，达到延年益寿的目的。科学家们已经发现，同样的食物所引起的体内生物化学变化的程度是不同的，而产生这种差异的根源是基因。

这个概念是由英国食品研究所的加里·威廉森提出的。威廉森博士研究认为，一些蔬菜如椰菜和卷心菜等，含有许多能刺激体内起防卫作用的化学物质谷胱甘肽转移酶。它被认为是决定一个吸烟者是否会生肺癌的一种因素。他说：“人口的大约一半具有能产生这种物质的基因，而另一半则没有。这就是为什么有些人能终身吸烟并在90岁时寿终正寝的原因所在。”如果一种食物含有谷胱甘肽转移酶，那么，体内不能产生这种化学物质的人们就能从吃这种食物中大大得益。

威廉森博士的研究对公众健康的意义是惊人的。未来的营养指导将不再像现在这样笼统，而可能是因人而异的。

在穿用方面，我国国家级重大科技攻关项目“转基因抗虫棉的培育及其杂种优势利用研究”已取得突破，这个由江苏省农科院负责的研究项目，成功获得了抗虫棉品系11个，杂种优势组合3个，并在江苏、湖北、安徽、河南等省累计试种1.12万亩，抗虫效果达80%以上。

由此看来，基因技术的应用前景远不止公安等部门。在医药行业，可以把人的基因转移到微生物中生产疫苗、细胞因子、激素、抗体等；在农业领域，可以把经济价值低的植物的耐寒抗旱、耐盐碱、抗病虫害的基因甚至微生物的基因，转移到经济价值高的农作物中，培育出高产粮棉油作物和果蔬；在环境保护方面，通过基因重组手段可以把多种微生物的特点综合起来，培育出一种超级微生物，用以高效率地分解城市垃圾或处理工厂废水。此外，基因工程在化工、食品、轻工、采矿、能源、国防等众多行业和领域都有不少已经成功的实例和非常光明的应用前景。

划时代的变革

将某一个体的细胞、组织或器官用手术移植到自己体内其他部位，或移植到另一个体的某一部位的方法，叫移植术。献出器官的个体，叫供者；接受器官的个体，叫受者。如供者与受者为同一个体，则称为自体移植，如断肢再植；如供者与受者属同一种类，但不是同一个体，则称为同种异体移植，如人与人之间的器官移植，移植后会产生排斥反应；不同种属间的移植，叫异种移植，移植后的排斥反应会非常剧烈，如把狗的肾移植给人；同卵双生的双胞胎间的移植，虽供者与受者不是同一个体，但双胞胎间具有完全相同的遗传基因结构，移植后不会产生排斥反应，称为同质移植。

一般说来，器官移植有以下三个特点：①移植物从切取时切断血管到植入受者体内再次接通血管期间，始终保持活力；②移植的当时，即吻合了移植器官与受者间的动、静脉，建立了通畅的血液循环；③如果不是自体移植或同质移植，术后不可避免地要产生排斥反应。因此，器官移植属活体移植，被移植的器官不但要保留正常的外形和解剖结构，而且在移植过程中要始终保持活力，移植后必须尽快恢复移植器官的功能。

19 世纪 50 年代到 20 世纪初，手术中的疼痛、失血、感染等问题相继解决后，现代外科才开始飞跃起来，器官移植才成为可能。但现代外科的器官移植是经历了以下三个重大的突破后才确立起来的：①卡雷尔大夫倡导的血管吻合术的发展；②低温保持移植物的成功；③有了强有力的免疫抑制剂控制排斥反应。

20 世纪初，俄国的阿尔曼等大夫在动物身上进行了大量的器官移植的探索，为器官移植积累了宝贵的经验；1952 年，米雄大夫将一母亲的肾脏移植

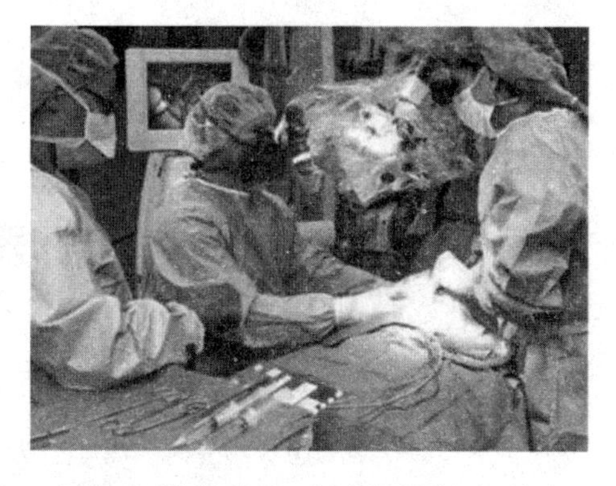

到了其儿子身上，这是人类历史上第一次活体器官移植，尽管由于排斥反应，术后肾功能仅保持了23天，但它宣告了人类历史上器官移植作为神话和科幻年代的结束；1954年，莫雷大夫成功地为一位21岁的妇女移植了她同卵双生的姐姐的肾脏，使该妇女一直活到今天，并成了有两个孩子的妈妈，也作为器官移植后活得最长久的人，该妇女和莫雷大夫均上了《吉尼斯世界纪录大全》；1956年，莫雷又开始了同种异体肾移植，也获成功；1967年，南非的巴纳德大夫首次开始了心脏移植。至此，现代器官移植开始向一座又一座高峰跃进。

——据世界器官移植指导中心统计，到1994年为止，全世界已有40多万例患者接受了器官移植；骨髓移植目前以每年3000～5000例的速度在发展；新兴的胰腺移植正以每年2000～3000例的速度在递增；肾脏移植已在全球各大医院普遍展开！

从1952年到1992年，人类已有17位直接从事器官移植的临床医学家获得了9个年度的人类最高科学荣誉——诺贝尔奖。1990年，当从事肾脏移植的美国大夫莫雷和骨髓移植的开拓者托马斯走向诺贝尔奖金的领奖台时，世界各大报纸和电视台纷纷发出以下评论："器官移植开创了人类医学史上的新纪元！"

人工脏器的开发

1963年，美国的哈代大夫进行了临床上第一例肺移植。直到80年代初，全世界仅进行过40例肺移植，其中仅有1例患者离开医院，创造了肺移植后存活的最长纪录——令临床大夫们垂头丧气的10个月！与其他脏器移植相比，肺移植一直处于令人绝望的低潮！直到80年代环孢霉素应用于临床，才使肺移植迅速发展起来。目前，肺移植已成为肺衰竭终末期治疗的主要手段。全世界现已完成了5000多例肺移植，1年成活率超过70%，5年成活率达55%左右。双肺移植、心肺联合移植也有很大的进展。

尽管如此，肺移植仍远远落后于其他脏器的移植。供移植用的肺仅是可供移植的心脏来源的10%～15%，供肺的严重缺乏是肺移植广泛开展的主要障碍，因为：①肺极易感染：肺是直接与外界空气相通的器官，在从供者身上切除供肺到把供肺植入受者体内过程中，空气中的病毒、细菌等已在肺内大量繁殖；②肺极易受损：供肺切除后，稍不谨慎，即会形成肺水肿，完全丧失气体交换功能；③供肺保存困难：目前最好的保存液可保存肾脏70小时，而肺仅能保存30小时。

人工呼吸机已有80多年历史，其在临床上的应用已相当普遍，但这种机器仅起到把空气压入肺内的作用，而肺的真正作用是让空气中的氧弥散到血液中，同时又使血液中的二氧化碳释放到肺内，所以，肺的换气功能是和血液系统密切联系在一起的，人工呼吸机绝不是具有使静脉血变成动脉血的人工肺。事实上，人工肺也并不复杂，为了配合心脏外科手术的需要，50年代已设计出来的“体外循环机”，就包含了一颗大的人工心脏和一个大的人工肺。相信有一天，医学生物工程学专家一定能设计出可植入人体内的人工肺。

1922年，巴汀·伯斯特发现了胰岛素，即胰腺的B细胞分泌的一种调节血糖水平的激素。随着认识水平的发展及医学科学的进步，人们逐步意识到临床上存在一种以胰岛素不足为核心环节的疾病——I型糖尿病。该病以糖代谢、脂代谢、蛋白质代谢的严重紊乱为病理生理基础，以全身大动脉、微动脉为靶器官，最终引起肾脏、心脏、眼睛、大脑等多器官的严重疾病发生。自然，除了按时补充胰岛素治疗该病外，外科大夫又把目光瞄准了胰腺移植。与其他脏器移植一样，由于排斥反应，胰腺移植在六七十年代效果并不理想，发展缓慢。直到80年代环抱霉素应用以来，才带动了胰腺移植的巨大发展。目前，人类已完成了约7000例，1年存活率已达80%以上。

小肠移植：由于具有丰富的集合和孤立淋巴滤泡，内含大量能参与排斥反应的淋巴细胞，移植后的小肠不易成活，所以，小肠移植一向被视为器官移植的“禁区”。加之，肠道有强大的吸收储备，对一个人而言，即使因某种病被切除掉几十厘米的肠段，并不会明显影响肠道对营养物质的吸收，而且，即使肠道功能已完全丧失，可以通过全静脉营养使患者长期存活。因此，长期以来临床上很少进行小肠移植。直到80年代，由于环孢霉素的广泛应用，小肠移植才又发展起来。目前人类共进行了300多例小肠移植，最成功的1例移植的小肠活了211天。

甲状旁腺移植：任何原因的甲状旁腺功能低下，引起全身钙、磷代谢障碍时，均可进行甲状旁腺移植。此种腺体移植排斥反应小，成功率高，手术简单易行，但供移植的腺体来源有限。

其他：肾上腺的移植用于治疗肾上腺皮质功能低下，胰岛移植用于治疗A1型糖尿病等移植术正处于积极的探索和日益成熟之中。

在过去的30年间，外科医学领域不断取得新成就，时至今日，除大脑外，几乎所有人体主要器官均可成功移植。然而外科手术能否真正延缓濒临死亡的患者的生命，还取决于所移植的器官是否受患者本身免疫系统的排斥。

由于这种免疫排斥的现象极难避免，因而绝大多数患者在接受器官移植后，仍需长期甚至终身服用类固醇之类的免疫抑制药物，以增加存活的机会。

然而，长期服用免疫抑制药物会导致种种后果严重的并发症，因而大大削弱了器官移植的医疗效果。

美国外科医学研究者以白鼠为实验对象，曾利用一种免疫方法先将所需移植器官组织的小部分注入接受移植的白鼠体内，然后在数日后，再将所需移植的整个器官或组织移植给白鼠。结果，在无须药物的协助下，白鼠体内的移植器官安然存活，而且无免疫排斥现象。

上述的免疫方法是根据近年一项新兴的免疫训练概念发展而成的。近年来，有些免疫学家认为，人体免疫细胞的敌我辨认能力似乎来自胸腺的训练及督导。如果这一概念正确，而移植组织或细胞又能先与胸腺相处一段时间，那么胸腺将能训练免疫细胞使之视移植组织如本身组织而不予以排斥。

为证明上述概念可行，美国宾夕法尼亚大学外科学家贝克尔率先以患有胰岛素依赖型糖尿病的白鼠为实验对象，先在移植前将少量的健康胰脏细胞注入病鼠胸腺之内，数日后再将大量健康胰脏组织移植给病鼠。结果，在移植后除接受过一次抗淋巴细胞的注射外，白鼠体内血糖恢复正常，显示移植其体内的胰腺组织并未受到免疫排斥，而且能像平常一样分泌所需胰岛素。

意大利科学家罗慕西曾利用上述方法在白鼠体内实验，进行了完整器官——肾脏的移植。在手术前他先将移植肾脏的部分组织注射到白鼠胸腺内，10 天后罗慕西将整个肾脏移植到白鼠体内。移植后，白鼠体内肾脏功能正常，不使用抑制免疫剂，也未出现免疫排斥现象。

目前，人类肾脏的移植能否使接受者获得较长的存活期，完全取决于移植器官能否借药物的帮助不被排斥。如果上述免疫训练法日后被应用于人类的器官移植，则无疑是器官移植外科上的一项重大突破。

去见“球迷”还是“歌迷”

现在，能否进行大脑移植呢？目前广泛应用的电脑是不是人类目前已开发出来的，以后均代替人脑的人工脏器呢？

人类的神经系统是由大脑皮层的各级神经中枢、脊髓的各级初级中枢及连接神经细胞之间、神经细胞与效应器、感受器的神经纤维组成。与任何机器上的电路网络一样，人的神经系统也以极其复杂的网络回路遍及全身各处，在无数错综复杂的网络中，大脑（皮层）起最高级中枢的作用：一方面，大脑把来自各级中枢的信息加以分析、综合，形成特定的感觉；另一方面，大脑（皮层）会不断发出各种指令，令躯体完成各种动作。

衡量器官移植成功的标准有两条：第一，被移植的器官必须克服急性排斥反应而存活；第二，被移植的器官必须恢复主要功能，否则，任何脏器移植都毫无意义。

现已证实：由于血脑屏障存在，引起排斥反应的关键——淋巴细胞不能透入中枢神经系统，也就是说，脑组织的移植不会引起排斥反应。因此，只要满足大脑的血液供应，移植的大脑即可存活，这一点，现代医学水平已完全达到。

然而，要想使被移植的大脑恢复主要功能——随意支配另一个躯体，目前人类的技术力量则远远达不到这一点：现代医学根本无法使被移植大脑与另一个躯体间重新建立无数的错综的神经网络联系，相应地，被移植的大脑根本不能恢复其主要功能，从这一点上看，人类的全脑移植目前是不可能的！

那么，将来有一天，临床上已完全能重建被移植大脑与另一个躯体间的神经网络联系时，大脑移植将是一个什么样的状况呢？

假如有一天，一位男球星因车祸被辗得粉碎，但头颅完好，一直靠人工的血液灌注维持着思维活动。球星有时也很焦虑：除自己思维清晰、大脑完整外，被辗碎的躯体已被迫切除，因此，他不时催促大夫，尽快为他找副躯体，以早日把大脑移植上去，与球迷们见面。碰巧，5 天后，一位女歌星也因一场可怕的灾难失去了头颅，但躯体却完好。无奈，大夫只好把男球星的头移植到女歌星的躯体上并成功地重建了神经网络联系。试想：新“组建”的这人究竟是男球星还是女歌星？应该去见球迷还是歌迷？

尽管人类目前根本不能进行全脑移植，但大脑皮层以下的脑组织的移植术即在积极探索之中。1982 年，瑞典进行了世界首例肾上腺髓质脑内移植术治疗帕金森病，取得了部分疗效；稍后，又进行了海马基质等脑组织的移植。至今，全世界已进行了约 200 例脑组织移植以治疗某些疾病，也取得了一些疗效，但令人遗憾的是：无任何资料能肯定移植的脑组织与宿主（受者）的神经系统建立了肯定的神经网络联系。

垂体移植是脑组织移植的一个特例，因作为一个内分泌器官，腺垂体是靠分泌激素随血液循环到达靶器官而起生理作用，而不是靠神经网络传递信息。移植的垂体无需与受者的其他神经细胞建立联系即可完成生理功能。现在，用垂体移植术治疗垂体性侏儒、席汉病等正在世界各地医疗中心展开。

最有前途的心脏

俄罗斯的器官移植专家瓦利里·舒马科夫院士说，供移植的器官数量总是满足不了待做移植手术者的需要。正因为如此，接受手术者不得不长时间等待，有的人往往尚未等到就死去了。一旦有了合适的器官，医生就能救人。

所有重要的人体器官，如心、肝、肺、肾、胰腺等，实际上都可以移植，而且现在手术的成功率越来越高了。虽然取得了这一成绩，但是机体组织的排外性仍未被攻克。正是由于这个原因，药理学家才与外科医生并肩工作，以完善免疫抑制方法。现已取得重大成就，有的病人在接受器官移植术后已存活 20 多年。

遗传工程学提供了一种很有前途的新方法。科学家正试图搞出一种介于人与动物之间的基因型。如果能够成功，将来就可以比较容易地从带有人的基因的动物身上获取器官。

这方面最理想的动物是猪。猪与人的器官大小差不多，而且移植猪的器官也不存在道德和伦理问题。不过，目前这还只是幻想。

既然现在还不能进行脑移植，其他器官移植也有很大风险，那么能否把制造机器器官作为出路呢？舒马科夫说，现在病人安上人工肾可活 15 年。人造心脏也有了，但病人安上它只能活 1 年。在俄罗斯移植术和人造器官研究所，医生们只是在病人生命垂危，而且又没有人捐献心脏的情况下才给病人安装人造心脏。可以说，现在的人造心脏还很不完善，它仅仅是个在联动机和动力源上面插两根小管的东西。目前正在研制可完全植入机体和可长年工作的人造心脏。在 20 世纪末研制出来的人造心脏将是这样的：动力源固定在腰带上，皮下有两个感应围，产生的电磁场促使机械装置收缩。安上这种人造心脏的人可以自由活动，而且基本上没有病人的感觉。

然而，最有前途的人造心脏是一种软囊。将软囊置于肌肉下，然后用兴奋剂刺激肌肉，这样软囊就能收缩和驱动血液。现在已有了这种手术——心肌成形术。手术时，外科医生取一块背阔肌，然后用它包住心脏，开始先向肌肉施以强烈的电脉冲，随后再加大电脉冲之间的间隔。在完成这套程序后，肌肉就“学会当心脏”了，即能够按照心脏收缩的频率来压缩和放松充满血液的软囊。

七、交通运输

未来的人行道是什么样子

有些国家大街上已出现自动运送行人的人行道，日本某地的自动人行道，以每小时3.2公里的速度每日输送100多万乘客。法国巴黎的自动人行道穿越巴黎新的商业中心，每小时可输送1.9万人。

自动人行道实际上是一条能自动前进的传送带，好像工厂中的流水线一样。在一些大型商场、车站或机场的候机大厅里，采用的一种水平运转的电梯，就是这种自动装置。自动人行道就是建造在马路上的平面电梯。

自动人行道可分快速道和慢速道。快速道的最高速度可达每小时25公里，相当于市内公共汽车的速度；慢速道的速度是每小时5公里，相当于人的步行速度。为了在加速时保证乘客的安全，他们可以先踏在一条每小时3.2公里的输送带上。这条慢速道运行缓慢而平稳，在它到达与它平行的快速输送带前，先要经过一段曲线运动，然后这两条输送带以每小时16公里的速度并行，它们连锁在一起，以防滑动或分离。这样乘客可以很容易地转到快速平台上。到达目的地，或者乘客想离开自动人行道，再按照和刚才相反的顺序，就可以走到不动的地面上。

自动人行道的出现，使城市交通增添了新的途径。科学家还在设想，用自动人行道把繁华商业区以及其他公共设施联结成一个整体。到那时，只要登上自动人行道，就可以畅通无阻，到达所要去的任何一个地方。

未来的列车如何穿行

一种奇特的交通运输系统——管道飞行系统，将在21世纪出现。它是由超高速飞车和无空气隧道组成。飞车在隧道中行驶，时速高达2万多公里，是现在客机飞行速度的20倍。有人把这种飞车称为“炮弹”列车。

这种列车所以有如此高的飞行速度，原因有几个方面：一是飞车的形状做成流线型，可以最大限度地减少空气的阻力。二是它不是以汽油为燃料，而是依靠电磁力推动的。列车行驶在一种特殊的轨道上，这种轨道在通电后能产生一种向上的浮力，可将列车整个托起。这种列车，人们称为磁浮列车，它不像普通火车那样行驶在铁轨上，而是浮在轨道上，有点像冲浪板在波浪上的飘行。第三是由于列车行驶在一种隧道中，其中的空气已经被抽去，所以，列车行进时几乎没有空气的阻力。

磁浮列车已在日本、法国、德国和美国研制成功，一种专门的能熔穿石块的地道钻机也正在研制，这些技术都为飞车的出现打好了基础，不久，这种飞车将成为高速交通工具。

智能汽车

有这样一种汽车，它沿着马路急驶，如果前面突然有人从路旁横穿马路，或者临时发现什么障碍物，汽车就立即自动刹车；而当路人已经穿过，或者障碍物已经搬走，它又徐徐开动，继续前进。这就是国外最近研制成功的智能汽车。它可以自动启动、自动刹车，也可以自动绕开一般的障碍物，顺利前进。它的主要特点，就是在错综复杂的情况下，能“随机应变”，自动地选择最佳方案来操纵和驾驶车子运行。

智能汽车的操纵、驾驶系统，由道路图像识别装置、小型电子计算机和用电信号控制的自动开关三部分组成。这种道路图像识别装置，就是安在汽车前面的两架电视摄影机。它如同人的“眼睛”，用来识别前方的障碍物。为什么要用两架电视摄影机呢？这是因为用两架电视摄影机所得到的电信号，可以分清是阴影还是障碍物。这种道路图像识别装置，能看清前方5米至20米的空间，并按1米的间隔对16个地点进行扫描。按照汽车的运动性能，把高度在10米以上的物体作为障碍物来处理。在扫描中，如果前方有了障碍物，就发出电脉冲。由于对16个地点进行扫描，前方障碍物的分布状况就可以很清楚地识别人。

小型电子计算机，如同人的“脑”，是用来进行判断决策的。从道路图像识别装置获得信息以后，就要作出判断：汽车是继续开下去；还是停下来、后退或减速？这些都要根据当时当地的实际情况，来选择最能适应环境的下一个动作。设计师预先对各种情况的场合，给予充分的估计，将最佳的一组组操纵参数输入到电子计算机的存贮器中。在行车时，利用计算机相应地进行检索就行了。汽车在行驶时，必须遵守交通规则，服从交通警、指示标等方面的指挥，因此，智能汽车的电子计算机还具有接受、存贮和处理这方面信息的能力。

在智能汽车上，过去由人的手脚控制的开关，转变为由电信号控制的自动开关。汽车的转向器、节流阀、制动器等等，也都是由指令信号来控制操纵。操纵角可以达到±120度，时速0～60千米，制动器的负加速度为0～0.3米/秒^2。它根据事先的安排，遵循指定的路线把乘客送往指定的地点。在行车时，可以转变，也可以超越前面的车辆。

目前，智能汽车仅限于晴天使用。要在阴天和夜晚使用，还需进一步探索，这个问题解决了，就可以广泛应用了。

超越太阳

中国古代有个神话传说：说是住在北方大荒一座山上的夸父族人，个个身材高大，力大无比。他们耳朵上挂着黄蛇，手里握着黄蛇，貌似凶恶，心地却善良平和。他们中间出了一位勇士，他忽发奇想，想和太阳赛跑。有一天，他从原野上向西斜的太阳飞快地跑去，转瞬间已跑了千把里路，追到了太阳将要落下的崦嵫山下，一团红亮的火球挡在他面前，他已经完全被炽热的太阳光所包围了。烤得他口干舌燥，他就伏下身子喝黄河、渭水的水，直到把两条大河的水都喝干了，口渴还未止住，后来又向北方跑去找水，跑到中途就渴死了，这就是著名的“夸父逐日”的故事。内容虽有点荒诞，却反映了古人丰富的想象力。那时人们就期望有能赶上太阳的速度。

由于古人知识的局限，还不知道太阳之所以从东方升起，西方落下乃是地球自转的缘故。实际上，地球绕太阳有公转和自转。公转一圈就是一年，有春夏秋冬；自转一圈就是一天，有白天黑夜，因而也就有太阳升起和落下。我们在地面上的感觉是太阳在跑。太阳跑的速度可以粗略计算一下：地球赤道处的周长大约是4万千米，转一圈是24小时，地球表面的速度大约是每小时1600多千米，这个速度，别说是跑得最快的短跑运动员，就是乘汽车，乘高速火车也是望尘莫及的。

奥运会男子短跑100米的世界纪录是10秒左右，若一直保持这个速度，每小时也不过跑36千米；小汽车在高速公路的时速是120千米左右；高速火车大约是每小时200千米。看来，追赶太阳甚至超越太阳只有借助于飞机了。

目前在世界航线上运营的绝大多数民航客机还是赶不上太阳的。以美国波音747飞机为例，它是世界应用的最广泛的大型民航客机，约有1000余架在航线上运营。该机的最大巡航速度为每小时 900 千米，航程 13500 千米，因此它紧赶慢赶也赶不上太阳的速度。1994 年 9 月，作者搭乘中国民航的波音 747 飞机从北京赴伦敦，航线里程为 8900 千米，飞行了 11 小时才到达伦敦，起飞时是北京时间下午 2 点，到伦敦是当地时间下午 6 点，太阳已经西沉了。

目前有没有一种客机的速度能赶上太阳速度的呢？有的。那就是英法联合研制的超音速客机——“协和”号。

说起“超音速”，那先从音速谈起。音速，即声音的速度，声音在空气中的传播速度大约是每秒 331 米，即每小时 1170 千米左右。目前全世界正在运营的民航飞机除“协和”号外，其飞行速度全部都低于音速，即亚音速，为什么会这样呢？主要是超音速飞行并不经济，而且噪音大，在技术上要突破“音障”。

什么是“音障”？简单地说，就是飞机的飞行速度接近音速时，进一步提高飞行速度所遇到的障碍，这些障碍主要表现为飞机阻力增加，升力下降，甚至飞机本身会出现抖颤。科学家们为了克服“音障”，一方面通过改变飞机的外形等办法尽量推迟上述不利因素的出现。另一方面采用大推力的喷气发动机增加飞机的动力。世界上首次突破“音障”是 1947 年在美国的 X－1 火箭试验研究机上实现的。1953 年，美国研制的 F－100 和前苏联研制的米格－19 歼击机都超过了音速。以后军用战斗机超音速已十分普遍。

50 年代，亚音速民航运输得到充分发展，军用飞机又突破了“音障”，使得飞机制造商在考虑能否制造一种超音速客机投入运营的问题。鉴于开发这种新飞机需要大笔资金来解决技术关键，英法两国政府和航空工业决定联合研制世界上第一代超音速客机——“协和”号。从 1962 年开始研制，1969 年首次试飞成功，1975 年获得英法两国适航证投入运营。“协和”号与我们常见的亚音速飞机有很大区别：长而细的机身，尖而下弯的机头，三角形的机翼，飞行时活像一支尖嘴的巨鸟。1975 年 9 月，一架“协和”号飞机从伦敦飞越大西洋到达加拿大的甘德，后又返回伦敦，一天之内 4 次跨越大西洋，

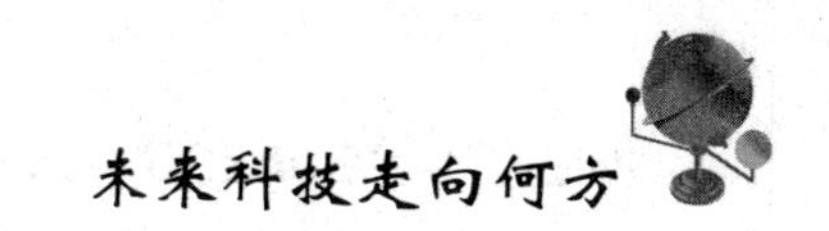

创下了一项新纪录。

还有一件事需要在这里提一下，和“协和”号飞机研制几乎同时，前苏联也研制了一种型号为图－144 的超音速客机，它比“协和”号早一年即1968 年首飞成功，1975 年投入前苏联国内航线使用，先用于货运，1977 年投入客运，因为出现较严重的技术问题，到 1978 年便停止了客运飞行。所以，到今天为止一直成功地运用于民航客运的超音速客机只有一个“协和”号。

“协和”号飞机的最大飞行速度约为音速的两倍，那么它追赶太阳的话，应该是绰绰有余了。但是它的“腿”比较短，即航程比较小，大约只有 5000 千米。这就是说，它在航程之内飞行可以追赶太阳，比如从北京到乌鲁木齐航线距离 2800 千米，从北京起飞时如果太阳正在头顶，那么到乌鲁木齐时太阳还未到达头顶，略为东斜一点，还要等几十分钟才恰好在头顶上。但是如果用于长距离的国际航线，比如从北京至伦敦，“协和”号飞机必须中途降落加油，这样到终点很可能赶不上太阳的速度。

到 21 世纪能不能实现“夸父逐日”，真正赶上并超越太阳的速度呢？回答是肯定的。现在人们已经开始研究，预计到 21 世纪才能面世的一种高超音速客机的设想已经逐渐明朗。这种高超音速客机的飞行速度大幅度提高，约为音速的 4 倍到 6 倍，载客数为 200～300 人，从东京飞到美国洛杉矶大约只需 2～3 小时。如果它从北京飞往伦敦，很可能是，中午从北京起飞，到达伦敦时太阳却刚刚升起，飞行中会看到太阳在倒着走，这该是多么有趣的景观啊！

新型“空天飞机”

人类的航天时代才开始30多年，就出现了宇宙飞船、航天飞机等先进的交通运输工具，使人类登临了月球。但是，科学技术的进步是无止境的，人类在憧憬着：有朝一日，能不能像乘飞机航班那样进行太空旅游呢？完全有可能，但这要借助于新一代的更先进的交通工具——空天飞机。

空天飞机是在航天飞机基础上发展起来的。顾名思义，它是一种航空航天飞机。即能像普通飞机那样水平起飞，水平降落，又能像航天飞机那样方便地进入太空轨道。

科学家们已经为未来的空天飞机勾画了它的几大特点：

一是研制和使用费用低。空天飞机是单级结构，地面操纵简单，维护时间短。

二是可以重复使用。预计空天飞机的使用次数可达几千次，比航天飞机百次左右的使用寿命要高得多，故其发射费用低。

三是无人驾驶，完全由计算机控制。空天飞机可以自主地进行制导、导航和控制，可以相应减少地面控制中心的规模。

四是发射回收程序简单，空天飞机可以像普通飞机那样起飞、着陆、加注燃料和检修，因此可以使现在航天发射场的规模大为减小。

五是空天飞机能在升空的任何时间立即降落，它可以进行无动力飞行，例如当燃料系统和控制系统发生故障的情况下利用空气动力特性来进行控制，返回地面。

六是空天飞机两次飞行之间的检修像普通飞机那样简单，因而检修时间很短。

美国已经提出了代号为X－30的国家空天飞机的方案：准备制造两架试验机，进行模拟高超音速飞机的飞行，速度将为音速的5～10倍；要在像爱德华空军基地那样的普通飞机场使用，进行地面服务和加油，起飞与降落，并验证X－30空天飞机以很陡的角度起飞能否防止超音速产生的音爆对地面的危害。音爆是什么？如果你参观过超音速军用飞机的飞行，就有可能遇到音爆。音爆是飞机在超音速飞行时所产生的强压力波，传到地面上形成如同雷鸣般的爆炸声。一声巨响，或许房屋的玻璃都会被震碎。影响音爆的因素很多，但也是有规律可循的，空天飞机要完成起飞、降落，必须设法防止音爆的产生、否则对环境的危害会影响它的使用。

X－30空天飞机将采用超音速燃烧冲压发动机，它的动力相当于核动力火箭，燃料是液氢，飞机机体要用先进的钛合金制造。因为X－30在飞行时任何一点的温度都会超过649.9℃。X－30空天飞机如果进行改型作为民航客机使用的话，它的高超音速性能将会使国际航线的飞行时间大为缩短。例如，目前从东京飞到纽约需要14个小时，而使用X－30的改型飞机则缩短为2个小时。

英国的“霍托”空天飞机方案也是采用水平起飞和水平着陆的，它也是使用液氢燃料的发动机。它主要是将卫星送入轨道，也能执行建造和维护空间站的任务。

“霍托”空天飞机的外形与英法合作研制的“协和”号超音速客机很相像。尖尖的机身，三角形的机翼置于机身后部。与飞机不同的是，它没有水平尾翼和垂直尾翼，靠前翼来进行航向操纵及维持安定性。4台发动机并列装于飞机的尾部。“霍托”的起飞方式与一般飞机有别，虽然也是水平起飞，但却是靠地面发射车背着它助跑的方式，着陆则与普通飞机的方式相同。研制“霍托”旨在大幅度地降低发射成本，预计比常规的火箭发射和航天飞机发射费用降低80%。

英国反应发动机公司新提出了设计新款的“斯凯朗”空天飞机方案：这种空天飞机呈细长形，最大直径6.25米，长82米，翼展27米，总重275吨，与现在最新型的波音777飞机的重量差不多。

“斯凯朗”空天飞机使用的发动机是“协同式空气喷气-火箭发动机”，它以空气喷气发动机和火箭发动机两种形式工作，基本上共用一套硬件。其工作程序是：当用火箭辅助发射装置完成起动后，立即转换使用“协同式空气喷气—火箭发动机”，首先以空气喷气发动机方式工作。当空天飞机上升至26千米高度，飞行速度达到5倍音速时则转换为火箭发动机方式工作。在约80千米高度进入转移轨道。

“桑格尔”空天飞机是德国提出的研究方案。它是用于航空的飞机与航天的轨道飞行器分开又结合在一起的方案。在地面起飞时，载机背负着轨道飞行器水平起飞，使用涡轮冲压发动机燃后轨道飞行器与载机分离，轨道飞行器依靠自身的火箭发动机升入太空，载机即返回地面以备再用。而轨道飞行器完成太空飞行返回大气层后，能像航天飞机那样水平着陆。实际上，“桑格尔”空天飞机就是载机加航天飞机而组成，载机的作用就是背着航天飞机水平起飞而已。

预计到21世纪下半叶，空天飞机的使用会像今天的民航客机那样简便，每天可能有数百架的空天飞机从赤道附近的几个发射场起飞，来往于天地，把旅客送上天空，把开发的空间产品和资源运回地球。航天发射地也许会像今天的大型国际机场那样繁忙。

大匹兹堡国际机场

在美国宾夕法尼亚州的钢铁之都匹兹堡，有一座被航空界称为“未来机场”的大匹兹堡国际机场。在耗资10.6亿美元进行改造之后，这座超级现代化国际机场引起了航空界的极大瞩目。

大匹兹堡机场之大令人瞠目结舌。机场占地4900万平方米，相当于钢铁产量占据全美半壁江山的匹兹堡市中心的2倍。其面积等于芝加哥奥黑尔机场和亚特兰大哈特菲尔德机场面积之和。

大匹兹堡机场有3座独立的大型建筑物，就是场外候机大楼、中央服务大楼和内场服务大楼。两条跑道是原有的。该机场设计新颖之处在于：4个长长的登机码头从位于两条跑道之间的内场候机大楼呈辐射状伸出。为了对这座“未来机场”有个概括的了解，我们把自己扮成一位旅客，亲身体验一下来机场登机的程序。

我们通过南高速公路到达大匹兹堡机场，这里有一系列四车道双层道路把旅客车流引导到场外候机大楼，其上层是离港旅客，下层是进港旅客。

机场设有3层停车场，共有17420个停车位。专门配有封闭式的自动人行道，这一人行道连接停车场和场外候机大楼，长度超过400米，为旅客进出候机大楼带来了极大的方便。

场外候机大楼共有3层，总建筑面积为40万平方米。第三层是主候机室，有3个18米高的柱形圆顶，整个大厅由天窗的自然光照明，其大小足可以容纳两个足球场。这个厅内有长长的售票台，美国航空公司是这座机场的最大用户，每天有500个航班从这里出发。该公司与IBM公司合作，设置了“航班信息显示系统”，旅客可以便捷地查到有关信息。美国航空公司还安装了自动行李处理系统。

搭乘美国航空公司航班的乘客在停车场或售票台就可办理行李托运手续。然后行李沿着10千米长的传递带运行，通过计算机处理，准确无误地传送到合适的传送带并运到相应的飞机上。

我们办完了登机手续即来到场外候机大楼的二层，在这里进行安全检查。独特的是，安检口沿纵向设了两条扫描线，它的好处：一是增加了安全度，二是加快了安检速度。如果第一条安全扫描线报警，乘客可以不必返回重检查，而是径直往前走，掏空口袋里的东西再接受第二次检查。

接着我们来到中央服务大楼，短程航班的旅客将在这里登机。这里共有25个入口的候机室，美国航空公司占有其中的20个，每日发出150个航班。

如果搭乘的是远程航班，就来到机场交通站。这里有两辆专用的全自动运送车将旅客运到场内候机大楼，距离760米，运行时间只有1分零3秒，一次能运160名乘客，每隔1分30秒就发一班车。

完全新颖的场内候机大楼在世界机场中独树一帜，它拥有75条通道，建筑面积超过100万平方米。更独特的是它处于两条平行的跑道中间，建筑成X形，使飞机停靠更加方便，大大提高了运行效率。

乘客进入候机大楼，自动人行道将把乘客送到相应的登机码头上。登机码头共有4个，美国航空公司占有其中的2个，各有25个登机门；第三个登机码头有16个登机门，供其他美国国内航空公司使用；第四个登机码头有9个登机门，专供国际航班使用。

特别值得一提的是，有一个被称为“遐想室”的休息区，是由艺术家设计的，给处于繁忙公务中的旅客以轻松、浪漫的气氛。

1991年，匹兹堡机场的旅客吞吐量为1670万人次，到2003年，预计旅客吞吐量将达到3200万人次。

“交响乐队”机场

21 世纪的机场该是什么样子？或许，新竣工通航的北美最大、最现代化的机场——新丹佛国际机场会使人们得到赏心悦目的感受。

1995 年 2 月 28 日，历时 6 年，耗资 42 亿美元建成的新丹佛国际机场投入使用。

丹佛机场位于科罗拉多州丹佛市中心 45 千米处，占地 137 平方千米。它号称是规模最大、设施最先进、应用新技术最多的大型民用机场，有人称它为美国最大和最有效率的机场，是“皇冠上的一颗明珠”，21 世纪的机场。

匠心独运的候机楼。这座候机楼形状怪异，由 34 个凸峰状的尖顶组成，远处望去好似白色的帆船，尖顶的材料是半透明的玻璃纤维，造型和颜色与丹佛近郊的山色相呼应。不用担心它的坚固性，可承受大风、暴雨和冰雪的袭击而安然无恙。每 5 年只进行一次简单的清洗，便可恢复原有色彩。更重要的是这种自然采光增加了旅客置身于自然环境的心理，使旅名心旷神怡。

蔚为壮观的机场跑道。在跑道布局上，先期建成的 5 条跑道长度各为 3900 米，采取南北方向 3 条，东西方向 2 条互不干扰的布局，而且跑道间距 1500 米。为保证在复杂气候条件下的飞机正常起降，南北 3 条跑道还装备了三类仪表着陆系统，作为安全的备份。目前，南大 3 条跑道每小时可起降 99 架飞机。整个机场最终将拥有 12 条跑道，包括长 4900 米的跑道可降落在 21 世纪才能出现的超大型远程客机和高超音速客机。

高耸入云的控制塔台。机场塔台近百米，这是北美最高的控制塔台。居高临下，可以无障碍地监视机场的一切。全机场由于面积巨大，气象条件不同，配备了29台与塔台计算机联网的风速探测仪以及气象雷达等，可为塔台管理人员提供对方圆72千米、高度7200米以下范围的飞行器实施有效的管制。

旅客出入港交通方便。丹佛机场有3条道路可供旅客进出。机场候机楼的巨大停车场可停车13000辆，旅客从停车场步行至候机楼最远为165米。旅客通过检票、安检口后便可乘自动导轨系统到达登机门，最远距离的行车时间为4分50秒。自动导轨系统也完全适合残疾人的轮椅使用。旅客在飞机上等候的时间也很短。机场设计时使飞机的跑道起终点与候机楼尽量接近，使飞机地面滑行时间减至最少，跑道互不交叉，避免了滑行飞机与着陆起飞飞机相撞的可能。

行李传输十分快捷。机场采用的行李传输系统是世界上自动化程度最高的。旅客的每件行李都能放在一个特制小车上，由计算机控制的地铁系统运输，每件行李运送到达时间不超过9分钟。这种行李传输系统每分钟可运送

新丹佛国际机场外观

1000件，以后还可增加至1700件。

新丹佛机场还有一个非常有特色的开发计划，即规划开发机场至市区高速公路两侧2000万平方米的土地，建设商业贸易中心、写字楼、娱乐设施、公园乃至住宅等，形成一个具有新世纪风采的新兴市区。

丹佛地理位置优越。在东西方向，是欧洲经济文化中心与东亚经济高涨地区的中点；在南北方向，是加拿大和墨西哥的中点。丹佛与世界上主要航空中枢的距离，与现代干线飞机的径航程相当吻合。新丹佛机场在环境保护方面也采取了很多必要的措施。它距市中心45千米，为减少飞行器对城市的噪声创造了条件。同时机场也设置了先进的污染排放、污水处理设施，被认为是21世纪全球性中枢空港的理想候选机场。

关于21世纪机场的面貌，美国科学家提出过一种“交响乐队”机场的设想。这种机场仿照火车进站的方式，降落的飞机被牵引到一座航站大楼，航站大楼功能齐全，在这里完成全部回程准备并让旅客登机后，再由牵引车拉至跑道起飞。

到那时，一座新机场可以有几座候机楼，每座候机楼有4座独立的航站大楼，可同时接纳4架飞机。这种“交响乐队”式的机场将大大提高效率，降低成本，最大限度地实现自动化。人们搭乘飞机将会像乘火车一样方便。

超高速货船

人类使用船舶作为运输工具的历史，差不多和人类历史一样久远。《旧约圣经·创世纪》曾记载了这样一个故事：上帝后悔在地上造了人，对于人类所犯下的罪孽十分忧伤。他决定结束这个罪恶的人世。但他看中了挪亚。挪亚按照上帝的旨意，和他的 3 个儿于建造了一只方舟，挪亚把他一家老小以及各种动物。一公一母也装进方舟里，7 天后，天上下起倾盆大雨，洪水泛滥成灾，淹没了一切生灵，只有挪亚的方舟安然无恙，第 7 个月，方舟在一座山上停了下来，到第 10 个月，山顶才露出水面，他为了寻找陆地，先后放出乌鸦和鸽子，有一天傍晚，鸽子噙着一个橄榄枝飞回来了，这意味大地某个地方有了生机，7 天后，挪亚又把鸽子放出去，这回鸽子再没有回来，因为洪水全退了，大地恢复了生机。这就是著名的“挪亚方舟”的故事。一叶方舟，挽救了整个人类，它的作用该有多大呀。

人类使用船舶，最早可以追溯到石器时代。我国于 1956 年在浙江省出土的古代木桨，据鉴定是 4000 年前新石器时代的遗物。说明舟筏的历史，可以追溯到史前时代。

运输船舶的发展，大体经历了四个时代，即舟筏时代、帆船时代、蒸汽机船时代和柴油机船时代。

在现代的五种运输方式，即铁路运输、公路运输、航空运输、管道运输和水路运输中，使用船舶自有它的特点和不可替代性。船舶运输的优点是载重量大，运输成本低，但缺点也很明显，就是运输速度慢，周期较长。

为了克服船舶运输速度的缺点。在本世纪 50 年代起，世界航运界曾掀起一股船舶高速化的热潮，一度把货船的航速提高到每小时 30 海里左右。

现在，科学家们已着眼于21世纪的超高速货船的研究了。他们把这种超高速的货船称之为超级技术定期船。

这种船载货量为1000吨，速度可在每小时50海里，它能在大洋里航行，即使遇到4~6米高海浪也能安全航行。这种船的技术特点是，把船本身的浮力，水中船箕的升力和气垫船的空气压力组合起来以支撑船体，大大减少了前进阻力，因而速度可大幅度地提高。

在这种超高速货船的研究方面，日本居领先地位。

1989年，日本运输省直接领导了名为“尖端技术”号的超高速货船的研制工作，它的性能指标与上述超级技术定期船差不多，即能运载1000吨左右的货物，速度可达每小时50海里，一次航行的航程为500海里左右。

该船已开发出两种不同用力方式的类型：即“升力型”和“气压利用型”。

所说的“升力型”就是综合利用了船的水翼产生的升力和浮力，使船体几乎漂浮于水面航行，这样可以大大减少前进的阻力。

“升力型”高速货船以飞机发动机作为主动力，一只喷水泵利用发动机的回旋力将水向后喷出，其反作用力推动船体前进，这个原理酷似喷气式飞机的飞行状态。船的水下部分是与飞机十分相似的没水体轴架和水翼构成。在停泊状态下，船体的部位以下没入水中，使用水翼航行时，因水翼在水中前进产生向上的升力而使船体抬高1.5米左右。船的转弯靠调节向后喷射水流的角度来完成。当然船上也还是有舵。

为减轻船体重量，船的上半部用铝合金制造，下半部用不锈钢制造，水翼则是采用不锈钢蜂窝结构，蜂窝结构顾名思义，其结构像蜂窝，中间是空的，结构重量很轻，但强度很高。

由于高速航行极易产生船体摇摆，船上配置了计算机控制系统，把摇摆控制在最小状态。

另一种“气压利用型”是综合利用了大气压与浮力，从而使船体浮出水面航行。

这种类型的高速船结构独特，船体全部由铝合金制造，它的船底是由橡胶制密封装置围成的四角形箱状物，鼓风机向里吹入 1.1 个大气压的压缩空气，正常航行时，船体浮出水面 2 ~4 米，船底与海水之间是压缩空气形成的气垫。

这种船不是单纯的气垫船，它还有水下翼。既可产生浮力，也能对船起着稳定的作用。

船底与海面之间的压缩空气不仅托着船体高速前进，还能缓和浪的阻力和冲击。当强大的海浪袭来时，空气被压缩，船体就要剧烈摇晃，此时需要调节船底空气输入量或释放量来使摇晃减至最低程度。

高速货船在前进中如果想刹车怎么办？这里有个很巧妙的办法：即喷水泵有“换向器”，转换 180°反方向喷水就能便捷地刹住车。

“升力型”与“气压利用型”各有千秋。前者航行稳定，适航性好；后者阻力小，有小的动力就可高速航行，可大大节省燃料。

这种高速货船如果投入营运，一天之内可以往返于日本北海道至九州至关东的远程航线，将成为名符其实的“海上新干线”，它的高速魅力将给海上运输带来新的生机。可以预料，高速货船构将成为 21 世纪海上运输的生力军。

自动交通系统

许多国家正在试行的各种自动化交通系统，与城市客运交通的传统形式不同，其主要特点是使城市的各主要干线彼此隔离，互不干扰；对运输工具实行自动驾驶，广泛应用计算机技术，使用新型的发动机和推进器，以适应各种不同客运流量的需要。

自动化交通系统的线路与地铁不同，它铺设在轻结构的高架上，而更多的是进入浅层的地下隧道内或露出地面。露出地面时要用装拆式混凝土构件建筑隔墙，把路线隔开，使其不受各种干扰。它的车辆全部采用自动操纵，在车厢内或站台上不需要工作人员。为了保证安全，广泛使用了微型电子计算机，不仅把这种微机安装在车辆指挥中心，而且安装在每辆车上。这种分权管理的办法，显著地提高了安全性。这种系统所使用的动力是电能，能保持良好的生态平衡，噪声也很低。

法国的“阿米斯”自动化交通系统，为了提高线路的通行能力，能使车辆在线路上运行的过程中自动组成列车，在各节车厢之间用超声波定位器代替了机械挂钩装置。超声波定位器使车厢之间保持0.3米左右的间距，即使发生事故碰撞也不会有任何危险。列车的长度可达300米，而每节车厢的长度仅为4.2米。列车在行驶过程中，可根据下一步的不同行驶方向，自动地进行组合和分解。它在舒适方面，可以与出租小汽车相媲美，而在通行能力方面，几乎可以与地铁相提并论。当列车每节车厢的间距为0.3米时，每小时的客运量为45000人次。

空中公交运输

空中公交运输系统，高架在公交客运量大的城市道路两侧上空。整个系统主要由管道、支柱、扶梯、传送装置等四个部分组成。支柱把管道支持在5米以上的空中。扶梯联络管道和地面，以便乘客上下。管道相当于车壳，把传送装置和运送装置等容纳在里面。传送装置是系统的主体，主要由月台带、换乘带、主带、动力机构等组成。月台带供乘客候车用。换乘带时停时动，是乘客由月台带进入主带的过渡带。主带由几条分带组成，分带上设有双人椅，可供乘坐和站立的旅客扶靠。动力机构安装在传送装置室内，在主带和换乘带的下方。

这种系统运行时，乘客从人行道由扶梯上行，经出入口进入管道，在月台带候乘，内侧的栏杆把月台带与换乘带隔离开来，确保两侧乘客的安全。当换乘带停止时，乘客可由栏杆出入口进入换乘带，扶好换乘带内侧的扶手，以防起动时跌倒。约过半分钟后，换乘带启动，其速度与主带相同，两带处于相对静止，乘客可在此时由扶手的出入口进入主带，坐到双人靠背椅上。

换乘带的停止时间和运行时间各约半分钟，交替进行。停时月台带与换乘之间交流乘客；运行时，换乘带与主带之间交流乘客。出入口都装有自动开关装置，换乘带停时栏杆的出入口开放，扶手出入口关闭，换乘带运行时，栏杆的出入口关闭，扶手出入口开放。到达目的地的乘客，可在换乘带运行时，由主带进入换乘带，在换乘带停止时，由换乘带进入月台带，然后出管道经扶梯到达人行道。

公交管道的运输速度，并不特别引人注目，例如每小时 18 千米。但由于连续运输，途中没有停留，乘客在途中所花的时间，要比目前的公交车辆短得多，而且运量特大。如果一条主带由 3 条分带组成，每条分带每小时运送 10. 8 万人次，那么，断面流量每小时高达 32. 4 万人次。又由于这种系统是高架于空中的，因此与其他交通运输方式不会相互干扰，不会产生交通阻塞现象。同时，这种系统占用土地少，投资效益高，加上乘坐方便，安全、节能、低公害，将有广阔的发展前途。

飞行汽车

飞鸟在空中自由飞翔，不飞了就夹着翅膀在地上蹦来蹦去。如果汽车也插上翅膀，能飞能跑，那不是更加方便了吗？这已经不是空想，最近就有一种和飞鸟差不多的汽车，如果要到空中航行，只要一个人就可以在十分钟里给它装好翅膀和尾巴后起飞。

等到降落地面再开动的时候，只要把翅膀和尾巴拆去，就可以跑了。

直升机随时随地都能起飞，应该说是方便的了，但是，它还存在着不少缺点。譬如，那么大的螺旋桨，不断地在飞机顶上旋转着，如果在森林或者电线杆上空飞行，螺旋桨就很容易碰坏。它还要求在坚硬和平坦的地面上降落，否则，就容易发生事故。

同时，它只能够做短距离的滑行，在战争中不能很好地隐蔽起来，容易遭到敌人的袭击。

于是，一种新颖的飞行汽车就出现了，它克服了直升机的缺点。它的螺旋桨比较小，而且是装在一种护风圈里的。

它用汽油发动机或者燃气轮机带动螺旋桨，向护风圈下面压出空气，上面的压力降低，汽车就腾空而起。

前进和后退是依靠前后两个螺旋桨的转速来调节的；前进的时候，前面的螺旋桨速度降低，头部就向前倾，来获得前进的推力；后退的时候动作相反。至于转弯，用方向舵来控制。

目前，有些国家正在试制这种汽车。譬如，有一种载重 450 公斤、航行速度每小时 90 公里的飞行汽车，它能够在普通的居民点起飞和降落，也能够做低空飞行，外廓比较小，降落后可以用车轮在不太宽的马路上行驶，同时，它还可以用来救护、消防和除虫等。因为它能飞能跑，不依靠其他交通工具就可以独立地完成运输任务。

神奇的飘车

汽车虽然比其他交通工具方便得多，平原山坡都可以行驶，建筑一条公路也要比修铁路或开运河便宜得多，可是总免不了“逢山开路，遇水搭桥”，还是要跟地面打交道，还是要损耗发动机的一部分动力来克服车轮滚动的摩擦力。这个问题，是车轮发明以来一直没有能够很好解决的。

能不能制造一种“无轮汽车”，干脆离开地面来行驶呢？苏联宇宙飞行学的创始人齐奥尔科夫斯基在他 70 岁的时候，写了一本《空气祖和特别快车》的小册子，首先提出了这样的理想。1935 年，就有人制造了一辆“无轮汽车”，长 2.4 米，宽 1.8 米，装了一台 16 马力的发动机，能够在水上飞行，每小时的速度达到 20 多公里。几十年来，许多国家都进行了这种“无轮汽车”的设计和试制，并且已经获得了初步成就。

因为这种“无轮汽车”好像腾云驾雾一样地在地面上飘行，一般都叫做飘车。它的原理可以用一个试验来说明。如果用轻金属做成一个模型，在顶部装上一台普通的家用电风扇，把空气吹到底层，就会在模型下面产生一层“空气垫”。这样一台很小的电风扇，就能够使这个 15 公斤重的模型升到起几厘米高。

一般飘车都装有效率很高的发动机，用来带动一个或者几个鼓风机，打出来的大量空气通过车辆里的一圈喷气沟喷向车辆底部，在底部周围，喷气的方向是错综复杂的，这样就能够造成一层空气垫，把车辆抬起来。底部的周界要越小越好，这样，空气逃走的机会就越少。同样的底部面积，矩形的比正方形周界大，正方形又比圆形的周界大，因此一般飘车都做成圆形或者接近圆形。再有，飘车离开地面的高度可以用鼓风机的风量来控制，只要使它不接触地面的障碍或者是海上的波浪就行，因为离开地面越近，空气逃走的可能性越小。

飘车四周还装着不同方向的管道，当飘车需要前进、后退或者转向的时候，只要在驾驶室里适当操纵着这些管道开关，使空气向相反的方向喷出，产生反作用力，就可以推动它向需要的方向飘行。同时，由于没有轮胎和地面的摩擦力，操纵起来也比一般汽车要灵活得多。

飘车能够在地面或者在海上漂行，是一种水陆两用的车辆。譬如，1959年7月国外试制成功的一种飘车，长9米、宽7.3米，载重3400公斤，装有435马力的发动机，离地高度38厘米，每小时速度是40～50公里，曾经用125分钟的时间，完成了横渡英吉利海峡的航程。现在，一般都倾向于制造适宜在海洋上飘行的大型飘车。小型飘车可以做登陆艇，也可以在冰上、冻土地带和沙漠上飘行，在交通不发达的国家，因为没有公路，也可以代替一般汽车来做交通运输工具。目前，这种飘车正在不断地发展，看来是很有前途的。

电动汽车和太阳能汽车

如何解决汽车的污染问题，是世人所关注的问题之一，尽管为减少汽车燃料消耗和排气污染采取了许多技术措施，但基本只是改良性质，治标而不治本。汽车还在不断增多，能源和环境问题日趋尖锐。采用新能源代替石油燃料的呼声也随之越来越高。

科学家们经过多年的研究和试验，近年来研制出了几种以新能源为动力的无污染车辆，尽管技术还有待完善，但毕竟给人们带来了希望。电动汽车和太阳能汽车便是这些处于试验开发阶段的车辆中的两种。

电动汽车是用车载蓄电池作为动力能源的汽车。作为一种新型的绿色交通工具，它具有零排放、低噪声、能源补充来源广等优点。但研制电动车的根本问题，一是要研制出高效能的蓄电池，二是要配置一种快速方便的充电系统。

在社会以及各国政府的关注下，各汽车制造商都进行了电动车的开发工作。我们有理由相信，性能更优越、实用性更强的新一代电动车将成为 21 世纪城市重要的交通工具。

太阳能汽车从某种意义上来说，它也是一种电动车。它们之间的区别只在于：一般的电动车所使用的蓄电池需要靠工业电网来充电，而太阳能汽车则带有一套专用的太阳能充电系统，包括随车电网和将太阳能转换为电能的光电元件。这些元件统称为“太阳能电池。”

研制这种带专用太阳能充电系统的太阳能汽车，现在看来已不再是一件异想天开的事，只要能研制出将太阳能转化为电能（太阳能电池）或热能（斯特林发动机）一的装置就可以实现。在这种条件下，地球上一半的空间将有可能利用太阳的光能和热能，无论是北欧地区还是极地地带，利用太阳能汽车都是可行的，更不用说赤道附近地区了。

太阳能汽车成为国际汽车集团和整个科学界的主攻目标。日本一家公司已造出了第三辆太阳能汽车样车，车重 150 公斤，外形尺寸 5.9 × 1.6 × 1.0 米，车身外装有由 2500 片品状硅片构成的太阳能电池，功率为 1.4 千瓦，该车时速可达 100 公里。专家们拟在下一个型号上装用镍—锌蓄电池，使车速提高到 130 公里/小时，在澳大利亚举办的汽车赛上，由美、德联合研制的太阳能汽车，平均时速已达 110 公里，现已进入商业开发阶段。

如果太阳能汽车的研制工作今后能继续保持当前的进展势头，那么我们可以断言，21 世纪的陆上交通中，太阳能汽车将大显身手，占尽风流。

未来汽车上的智能玻璃

智能玻璃构想图

目前，英国科学家正在研制几种用在未来汽车上的智能玻璃，看来也颇具吸引力。这些玻璃包括以下几种：

（1）有色玻璃。这是一种能控制太阳光的智能玻璃，它能阻挡84%的太阳光，可有效地保护车内纤维和装饰品不褪色。

（2）映像玻璃。这种智能玻璃可作车前挡风之用，实际上是未来车内的路线导航、标记和信息系统。司机可以直接从挡风玻璃上了解到所需要的一切信息，还可以在雾雨天气里看到一英里外的景物。

（3）防雨、防光玻璃。这种玻璃表面采用新技术处理，使它容易防水，并降低玻璃对光的反射率。它除用于车窗玻璃以外，主要用作车内各种仪表面罩以防从挡风玻璃上映射进来的光反射到司机的视线。

（4）嵌入天线玻璃。这种玻璃可将无线电天线嵌入其内部，还可将蜂窝电话或电视机等各种设备嵌入到玻璃里面，这样使车型更为美观，不会因天线而破坏车的整体形象。

无疑，这些玻璃的开发和应用，将会使未来的汽车更为完美。

高级列车

高级列车通常采用各种先进的、舒适性和安全性能高的新型材料来制造和装饰车体内外设施。整节列车厢显得豪华气派，乖坐十分舒适。例如，流线型车体外壳用铝合金或不锈钢制成，地板以耐热阻燃塑料铺设，座椅由高级仿皮人造革、铝合金或玻璃钢制成，聚苯乙烯泡沫塑料及人造板制成的板梁混合结构的宽大行李架造型美观、坚固，等等。

车厢内部布局宽敞新颖，两侧的车窗采用通长的大幅面玻璃从外侧连成一片，视野开阔，光线充足。坐席车厢内有可躺式旋转座椅，每排三个或四个座位，中间为走道。座椅的旋转角度可以任意调节，也可以由列车乘务员用电动按钮统一操作。每个座椅都附设有一个脚靠、一个报刊架和一个折叠桌，折叠桌平时藏在座椅的靠手内，旅客用餐时可拉出使用。有的高级列车在座席中还辟有独立的小型客室，供诸如吸烟旅客等使用，独立客室用透明幕墙同主客室隔开。

卧铺车厢通常采用包厢式格局，一般分成经济包间、豪华包间、家庭包间、公务包间等几种形式。经济包间通常设置两张铺位，内部还配备有衣柜、书架、小垃圾箱和厕所等设施；家庭包间则有四张铺位，并比经济包间多一间淋浴室；豪华包间通常只一张铺位，除了各种旅行设施外，还配备有酒吧、图书室、电视、更衣室等高档生活、娱乐设施。

无论四季如何变化，高级列车内部所具有的完善的空调系统和通风设备使车厢里始终保持温度适宜、空气新鲜，且干湿度符合人体需要，让人时时感到舒适惬意。旋客上下列车可以通过高度可调的踏板畅通无阻，车门口还装有供晚间上下车使用的照明灯，旅客上下车时照明灯会自动开启。列车上还设有专供残疾人、妇婴等特殊旅客使用的服务设施，例如轮椅升降、哺乳、换尿布等各种器械。

此外，高级列车上的厕所已由目前的直排式改为集便式。这种集便式厕所粪便不外溢，厕所内清洁卫生，没有任何异味。集便器中的粪便将在列车到达终点后通过管道设施送到地面进行集中处理。之后用压缩空气或真空泵水流对厕所进行冲洗，或采用混有化学药剂的液体进行循环冲洗。

双层列车

双层列车作为一种理想的中、长途观光度假旅游列车，可能会成为未来客运列车的主要车型。这种列车可以有效地利用其空间，尽可能地增加列车的乘坐定员。从实践的效果看，双层列车可使坐席定员增加 40～60%。而且，双层列车可以提高列车的了望性和舒适性。由于其上层视野开阔，人们可以透过两侧大开面玻璃窗尽情眺望沿途风光。同时，上层坐席又远离车底行车部位和发电装置及其他设备的噪声源，显得安静舒适。下层则设有各种用途的包间以及诸如自助餐厅、酒吧、卡拉 OK 等服务设施。

磁悬浮列车

从20世纪60年代开始，磁悬浮技术为世界上科技先进国家所注目，各国都投入了大量的人力和物力。由于时速在300公里以上的高速列车采用的是传统的车轮一钢轨粘着方式，运行缺陷很多，因而促使科技界积极探索利用磁浮原理。但20多年来，仍然停留在很短距离的试验阶段。随着超导技术、线性牵引电机的迅速发展，磁悬浮列车正在加速走向实用化。

1987年，日本成功地使用两辆连接在一起的磁悬浮轨创造了时速40公里的世界纪录。经过近几年的努力，自1993年开始，磁悬浮列车采取了实用化的举措。德国联邦政府1993年12月正式决定修建柏林至汉堡的284公里磁浮列车铁路，列车由4辆客车组成，座位332个，时速320公里，两市之间旅行时间53分钟，总投资2亿西德马克，预计2003年投入运营。美国已于1994年4月动工修建第一条自佛罗里达州的奥兰多机场至迪斯尼乐园长达21.7公里的市部短途磁浮列车线，投资为6.22亿美元。另外两条线路是肯尼迪航天中心至州际展览馆和匹兹堡国际机场至市区中。日本在宫崎试验中心进行了多年磁浮列车试验以后，决定在山梨县新建一条43公里的实用线路，作为磁浮列车试运线。这些进入实用性的科研项目，将为21世纪高速铁路的发展提供更方阔的前景。与现有的地面车辆相比，磁浮列车高速平稳，能耗低、电力驱动无污染，安全可靠，线路上可少开或不开隧道。这些不可比拟的优势，使交通运输有了划时代的突破。目前，日本研制的磁浮列车，其车上励磁使用了永久磁石，是迄今所研制的地上一次式线性尾动机驱动车辆的代表。

过去日本和德国都曾研制出高速运动装置，但是作为车上的励磁采用的却是普通电磁体。如今日本研制的高速运动装置，作为车上的励磁，采用的

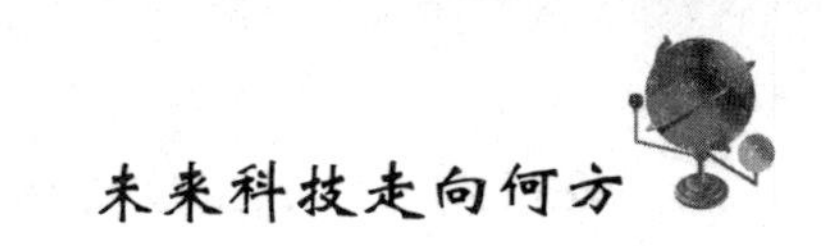

是超导电磁体。

超导电磁体重量轻，强度高，但必须使用昂贵的液体氦来，维持极低的超导临界温度；而普通电磁体则需要不断地供给励磁电流。相比之下，悬浮列车采用永久磁体后，使得车辆构造简单了。这种悬浮列车的驱动和制动力来自直线电动机的电磁力。

这种电磁力是靠电流流经导体产生的磁力线与磁体的磁力线相互作用而产生的。驱动系统使用的是可变频率的矩形波交流电。车辆的运行是靠控制电磁轨道上通过的电流实现的。为避免电力损失，要搞馈电分区控制，即把电磁轨道分成若干区间，对应列车运行顺次转换通电区间。

由于采用了永久磁体，悬浮列车不必为消磁担心。即使不用机械制动作备用，依据地上线圈的短路，电制动就足够了，整体系统也能更简捷。

对列车闭塞的基本想法与普通铁路相同。但地上一次式线性电动机驱动车由于系电力控制，可以准确把握列车的绝对位置，可引入近似移动闭塞的方法，从而实现高密度运转，由此又可提高地上设施的利用率，即使是小单位编成的列车也可确保较大输送能力。由于是小型车辆，有利于通过曲线，而且爬坡性能好，同时地上设施的轨道、电力设施等都可小型化。

这个系统由于在线性电动机驱动车长期研究的基础上，引进了强力永久磁体后，使这个领域的研制工作进入了新阶段，它对车辆构造、轨道构造、控制系统等整体研制能起很大作用。

这些进入实用性的科研项目，将为悬浮列车的日臻完善奠定扎实的基础，也将为21世纪超高速铁路的发展提供更广阔的前景。

地效翼船

1956年，前苏联著名的船舶设计专家阿列克谢耶夫领导研制的一种新型海上船舶在里海进行秘密试验。当这艘被西方称“里海怪物”的船舶以时速400千米的惊人速度超低空掠过里海海面时，整个西方世界都被震惊了。一个新的海运时代，也就由此拉开序幕。

这个“里海怪物”，就是前苏联出于军事目的而研制的世界上第一艘试航成功的地效翼船——KM“样板船”。

什么是地效翼船？地效翼船是指在航行过程中，利用贴近水面或其他支撑表面时的表面效应，气翼上产生气动升力来支撑船重的动力气垫船。良好的耐波性、船与支撑表面气动联系、飞行过程中可随时升空或迫降的性能，是对地效翼船航行安全起保障作用的因素。

水运业完成客货运输时船舶运力的增长，有赖于船舶航速的提高，而在现有的新一代船型中，速度最快的就是地效翼船。无论从何种指标看，地效翼船在运输效率方面的优势都是无可置疑的。

地效翼船作为航运工具中的一枝新花，当它以15～20千米时速进行排水状态航行时，欲作机动航行当无限制，其航行状态与水上飞机差异不大。但当地效翼船在3～5米高适用的水面上空以400千米每小时的速度飞行时，便不可以急剧改变航向和航速，因而，其机动性也就受到限制。因此有人提议应当划出一个专供地效翼船飞行的地带，其他船舶不应进入这一地带。在划定地效翼船航行地带时，应当考虑能用无线电导航设备、卫星导航系统、无线电导航台、雷达确定其方位，以保障航行安全。

曾几何时，人们还对“里海怪物”的试航感到新奇和惊讶。如今，则有越来越多的人希望早日利用地效翼船这一科技成果，为人类创造更多的效益。新加坡已有人向俄罗斯订购地效翼船。英国也已于1992年与俄下诺夫哥罗德气垫船科研中心签署协议，联合研制用于英法之间的快速航线客、货运地效翼船“水上显贵”分船队。这些新型快速船舶将有可能在14米高度只需10分钟驶完英吉利海峡航程。富于想象力的美国人则认为可以在“21世纪的设计”中建造载重量为5000吨、航速为900千米每小时的新世纪地效翼船用于越洋商业航线。

所有这些都说明当今世界对地效翼船诸多特殊性能的肯定。可以预见，地效翼船这朵瑰丽的奇葩，必将盛开于21世纪的水面上。

空中机场

全世界现有的飞机场，都是建立在陆地上的。未来的飞机场将移到空中，成为“空中机场”。这种不落地的空中机场是由若干个飞翼在空中对接形成的。

飞翼是一种无机身、无尾翼，反有机翼的飞行器。它的结构简单，飞行阻力小，载重量大。最大载重量可达600~700吨，甚至上千吨。每个独立的飞翼可载旅客800~1000人。

从同一机场或不同机场起飞的若干飞翼，在指定的空域进行快速空中对接，连成一串，构成一个“大飞冀”。大飞翼按照人们预先选定的最佳航线，以最省燃料的飞行高度和速度在空中长期巡航。除了定期维修外，一般并不着陆。这样，就在空中形成一个会飞的基地——空中机场。

在空中机场航线上及沿线两侧地面机场上的旅客和货物，将由专门的“驳运飞机”负责运到空中。驳运飞机可选用普通常规型飞机，他担任天上和地面之间的航运任务。驳运飞机到达空中与大飞翼对接，“降落”在空中机场。货物转运系统自动地把旅客和货物送人大飞翼，同时也给大飞翼带去燃料、维修器材以及换班的飞行人员。然后再把大飞翼上等待换乘飞机的旅客、货物，以及回地面休息的飞行人员分别带回到地面各个机场。由于旅客及货物都可以在飞行途中交换，不必到地面中转，因此大大减轻了地面机场的繁忙、拥挤及噪音污染，并且提高了空运的安全性。